真健康

HEALTH

姊妹的50道陰影

婦產科名醫教妳
好好愛更性福！

陳保仁醫師 著

——推薦序——

滿室陽光，掃除陰影

我和保仁醫師認識近二十年，他從台大畢業，在台大醫院婦產部接受完整的訓練，之後到桃園敏盛醫院服務，一路上除了醫療專業之外，也參與了醫療管理以及大眾衛生教育的推廣。之前聽說他和陶晶瑩在政大開了性教育課程，據說是大爆滿，而且內容充滿前驅性與創意，完全不遜於二十多年前我在長庚大學醫學院和台北醫學大學開授人類性學概論的盛況。我在卸任台灣性教育學會理事長十多年之後，才發現早該把保仁醫師帶入學會，承先啟後。

後來保仁醫師擔任台灣婦產身心醫學會的秘書長，我剛好是理事，而且也是前幾任的理事長，他任內辦了系列學術活動，充滿創意和影響力，例如產後的康復，超出一般婦產科討論的婦科器官的生理恢復，還加入了婦女在意的身材體重、私密處鬆弛、漏尿的困擾、落髮，甚至皮膚美容、產後憂鬱、婆媳議題等，得到很好的迴響，這樣全人的身心靈健康照顧，正是我行醫三十多年來一直重視並身體力行的。

後來陸續在談話性節目常常一起出席，更發現我們關注的議題很相近的，除了疾病外，更重視現代婦女在意的一些生活品質以及心理議題。十多年前常有電視節目製作單位問我，能不能找到一兩個醫師，和我一樣幽默風趣，又能夠把艱澀的醫學知識化成淺白的庶民語言，讓民眾聽得懂且有興趣聽，尋尋覓覓多年，才發現眾裡尋他千百度，高手就在不遠處。我認為保仁醫師的品德、學識、視野、口才，都是一流的。

他這兩年到台北禾馨民權婦幼診所擔任院長，也把一些對於婦女照護的想法落實在那裡實現了，很多朋友與病患都給我很多很好的回饋意見，恭喜保仁醫師能夠發揮所長並實現夢想。

由於對保仁醫師的極度欣賞，最近在我擔任理事長的台灣婦女健康學會以及台灣婦科海扶治療醫學會，我都邀請保仁醫師擔任理事，期待關心婦女身心靈健康的保仁醫師可以為學會注入更多新能量，如此不僅造福會員，也間接造福了普羅大眾。

這一次，他出版了《姊妹的50道陰影》一書，除了把姊妹們心裡想知道，卻不敢問的，或是不知道如何問的；還有醫療上不容易解釋的肌瘤、肌腺症，甚至最新的也是我最擅長的海扶刀，都做了很好的說明，真的可以讓姊妹們的陰影重見陽光，因此我十分樂於強力推薦。

在此，同時也祝福保仁醫師身為「品格高尚的婦產科醫師」代表，一路上為婦女同胞帶來滿室的陽光，掃除陰影。

高雄醫學大學附設醫院副院長、高雄醫學大學婦產科教授、台北醫學大學婦產科教授　鄭丞傑

——推薦序——

暖男醫師給姊妹淘的性福寶典

台灣的性教育一直是朵奇葩。

家裡不談，學校隱晦（或用影片「嚇阻」），青少年只好看A片，青少女讀羅曼史。大人們相信，生命自會找到出路。

而事實上找不到出路的大有人在；別說一輩子沒有過性高潮，連跟醫生敘述自己的性問題都有困難。

當成長的孩子懵懂，錯誤地認知，錯誤地對待自己或他人的身體，可能造成的悲劇天天在社會上演，身為家長的，你還不擔心嗎？

陳醫師的這本書，可以正確地教育各年齡層的男女，如果羞於啟齒，不知面對「性」這件事，不妨先閱讀吧！

知識就是力量。謝謝陳醫師。

主持人 陶晶瑩

Contents
目錄

Part 5

更年期女性更自信

Part 6

婦科熱門問題

—自序—

活出自己，幸福自來

寫這本書的起源，來自於多年前陶晶瑩邀我一起規劃在政大開設的「幸福講堂」系列課程，當時我們有見於年輕人對於「性與情感教育」不足，而共同開辦了一系列課程。多年的行醫經驗，讓我發現女性朋友們有很多健康問題，尤其是熟女們的困擾，很多都跟私密部位及親密關係的好壞有關。

感謝于美人去年發起的想法，啟動了這本書的進行，我花了一年才完成。在此要感謝許多一路上協助的朋友，當然最要感謝的是我身邊的親密夥伴——芙蘿拉小姐（陳太太）的鞭策，雖然她常常教誨我，女性的陰影都是「男人」造成的，可是她又三不五時灌輸我是她的太陽的偉大形象，讓我難以捉摸；感謝陶子跟鄭丞傑醫師的推薦序，還有其他前輩及好友的推薦，更希望這本書可以一掃所有女性的陰影，幫助她們了解自己、欣賞自己、活出自己，自然籠罩在幸福的光暈裡。

前言

女性的身心需要被好好對待

當了二十多年的婦產科醫師，幫無數女性照護了最私密的地方，也跟很多媽媽們共同迎接小生命的誕生，一起聽見她們的孩子來到世界上的第一次哭聲。不管是在診間或產檯上，都有許多女性跟保仁醫師分享她們的心情，除了喜悅與感動之外，當然還包括了不安、焦慮、擔心與憂傷，這真的是很特別的經歷。這麼多年來，這些女病人們教會保仁醫師一件事：「除了生理的問題之外，她們的心理也同樣希望被照顧。」

保仁醫師本身也是「台灣婦產身心醫學會」的一員，經常跟許多身心科醫師一起合作及交流。這幾年下來，一直有個很深的感觸，那就是女性們的身心都需要更多的照護，但這些需求不是被忽略，就是找不到方法。女性心理的問題需要另一半共同來關照；不過，除了關懷之外，也可以藉助現代醫療技術的幫忙。舉一個最簡單的例子，產後婦女多有情緒抑鬱、心情不佳等問題，以前我們可能會認為產後憂鬱是很自然的現象，卻沒有試著去了解這些新手媽媽們真正在意的是什麼？保仁醫師的患者當中，有不少是因為臉上長出了孕斑、肚子上多了一圈肥肉，以及自己怎麼看都不順眼的妊娠紋而心情低落，當她們將這些煩惱說出口時，換來的回應可能是：「沒關係吧，反正都當媽媽了！」、「沒關係，少吃多動就好了」、「下一胎再一起處理啦！」殊不知這些旁人眼中微不足道的事，才是女性們心中真正感到在意的地方。因為對自己沒信心所以憂鬱，覺得生活索然無味，房事更是提不起勁來……也可能擔心老公嫌棄自己的外貌和身材，因此一再回絕對方的需求。長期「不開機」的結果，不但喪失了夫妻間的親密感，連家庭關係也陷入危機之中。保仁醫師在演講時常說良好的親密關係不只能延長壽命、增加幸福感，還能達到「齊家、治國、平天下」的作用，原因正在於此。

注重私密處不只是為了另一半，也是愛自己的表現

女性的私密處以往常被視為神秘地帶，不過隨著社會風氣的轉變，近年來逐漸出現許多相關議題，保養「妹妹」的觀念也越來越盛行。保仁醫師想跟大家分享一個觀念，注重私密處不只是為了另一半，也是愛自己的表現。私密處就跟身上所有的器官組織一樣，會隨著年紀而老化、萎縮，所以也會有失去彈性、鬆弛等問題，

加上生產時陰道被撐大十倍，因此不可能再像年輕時那麼緊實。私密處經由適當的處理而「回春」，不但能讓自己及伴侶重拾「性福」，對許多女性而言，也是找回自尊及改善生活品質的方式之一。

經由媒體的報導，相信很多人都知道私密處可經由雷射治療變得更為緊實，保仁醫師的病人中，確實有不少人因此而讓身心變得更加愉快。

陰道緊實觀念，東西方大不同

二〇一五年時，西方陰道緊實雷射開發者來台，我們舉辦了一次研討會，席間，保仁醫師發現東、西方對陰道緊實的觀念大不相同。國內陰道緊實的推廣還是以強調「私密性愛」為主，但國外已經進展為四大重點——陰道緊實、漏尿治療、陰道黏膜回春、脫垂治療，除了陰道緊實改善親密關係之外，包含漏尿治療、骨盆脫垂以及外陰彈性與色素美型等，更是熱門話題。

對於私密處乾澀、搔癢、頻尿及急尿等困擾，以往只能藉由藥物或是荷爾蒙改善，近年西方的私密處雷射甚至應用到外陰部分，利用現代醫療技術讓已經老化、萎縮的外陰部（大小陰唇）恢復彈性，這樣就可以改善因摩擦所帶來的不適感，進而提升生活品質。

很多人以為陰道緊實應該是妙齡女子，或剛剛步入初老階段，想要抓住青春尾巴的女性才會重視的事，這樣的想法跟國外的情況是恰恰相反的。保仁醫師二〇一五年到義大利進修，剛好有機會看看當地進行陰道緊實雷射的狀況，結果讓我留下了非常深刻的印象。原本以為來接受療程的就算不是年輕女性，至少也應該是輕熟女的年紀吧。一到醫院後，真的讓我大開眼界，沒想到在診間外排隊的淨是一群白髮蒼蒼、看起來五、六十歲以上的婦人。詢問之下才知道，原來陰道萎縮讓她們感覺非常不適，而且性生活也大受影響，加上國家健保一年給付二次陰道緊實雷射療程，所以女性們都爭相來做。可見國外真的很重視私密處及性生活，即使上了年紀也不會因此放棄。追求性愛歡愉是一件非常值得重視的事，保仁醫師認為不管年紀多大，都不該放棄這項權利。

夫妻間的親密關係跟婚姻健康也有許多研究，品質良好的親密關係與性生活，對於婚姻維持以及雙方健康都是正面效應，尤其現在平均壽命延長，人生的後半段，如何與陪伴你的另一半維持或是經營健康親密的身心關係，更是重要呢。

Part 1

吾家有女初長成

大家的私密處都長一樣嗎？

我從小就是大家眼中的乖乖牌，總是按部就班地讀書，從來沒有讓父母操過心。國、高中時，好多同學都在交男朋友，但是我爸媽的觀念非常守舊，他們認為二十歲成年之後才能跟男生交往，為了不讓他們擔心，加上我個性也比較害羞，因此上大學之前都沒有談過戀愛。好不容易進入大學住校後終於脫離了父母的管轄範圍，學校社團裡有一個學長對我很好，總是對我噓寒問暖，因此我們很自然地就在一起了。

我的男友是個戀愛高手，之前已經和好幾個女朋友交往過，據說上床的速度都很快，我常笑他真的是「閱人無數」。在他不斷的要求下，我也懵懵懂懂地獻出自己的第一次。有了進一步的關係，我覺得跟他之間好像變得更加親密了，也無話不談。雖然「第一次」並不是很舒服，但幾次之後我也漸漸感覺到性愛的愉悅，從一開始的擔心、害怕，變成了期待。

有一次，當我還沉醉在翻雲覆雨的快感中，沒想到卻聽見男友喃喃地說：「妳的下面好像跟我前女友們都不太一樣耶！」我不知道男友的話是無心的，還是意有所指，當下沒做出任何反應，但心裡卻忍不住地想：「我的下面正常嗎？到底什麼樣的情況才算奇怪呢？」

這個疑惑存在我心中好久了，不知道該問誰，但是又很想知道答案，所以只好來請教保仁醫師。

保仁醫師診療室

在回答什麼樣的陰道（或下面）才正常之前，保仁醫師覺得應該先談一下「性教育」及「陰部的自我照護」等議題。當了這麼多年的婦產科醫師，看過不少光怪陸離的現象，雖然已經見怪不怪，但還是覺得很多問題應該從教育方面來著手。

華人對性教育的啟蒙比較晚，也比較保守，重點著眼於如何避孕，但其實這是遠遠不夠的。在國外較先進的國家，性教育課程很早就開始。北歐是世界上最早開設性教育課程的國家之一，一九四二年起，瑞典就開始對七歲以上的兒童進行性教育，教師採啟發式、參與式和遊戲式教學方式，傳授小學生妊娠與生育知識，在中學講授生理與身體機能知識，大學時則把重點放在教導他們如何談戀愛、避孕與人際關係處理上。英國法律規定必須對五歲的兒童進行強制性的性教育，而整體性教育的課程內容分為五個階段：五到七歲時，初步了解人體各部器官名稱，知道人類可以孕育下一代，並且學會區分身體上的異同；八到十歲時，主要掌握人類生命各週期的主要階段，包括生殖、生長發育等；十一到十三歲，懂得青春期所帶來的各種生理和心理變化，以及什麼叫月經和受精；十四到十六歲，學習生殖激素對人體的作用，醫學上使用生殖激素來控制和提高生育力的情況，以及男女性別的決定因素等複雜問題。美國在性教育這方面則是從小學一年級就開始傳授生育、兩性差異、性道德等知識，國中階段講生育過程、性成熟、性約束等，高中階段講婚姻、家庭、性魅力、同性戀、性病、賣淫現象、性變態，並且向學生發放避孕套。

台灣性教育不夠完整

反觀目前台灣性教育的情況，其實是不夠完整，如果性教育沒有修正，大部分的女性都不會習慣於外陰部的「自我檢視」。

保仁醫師在天母執業的大學同學，有一次遇到一個就讀國中的外國小女生來看診，一進診間就說：「我覺得自己下面怪怪的」，話一說完，馬上脫下褲子，直接開始展示自己的外陰部。碰上這種情況，我的同學嚇了一大跳，甚至差點跑出診間。

其實在國外，女性們很習慣於外陰部的自我檢視，有問題也能及早發現，但以保仁醫師的看診經驗來說，來求診的女性真的很少會自我檢視生殖器官。

如何自我檢視？

好了，語重心長地說了一堆，接下來就教大家如何檢視自己的外陰部。就像洗臉時要照鏡子一樣，洗澡時則是自我檢視外陰部最好的時機，建議大家不妨帶著鏡子進去浴室，好好「攬鏡自照」一下。當我們頭髮沒整理、蓬頭垢面時會遮住臉；同樣地，如果陰毛太過濃密最好適當的清理，可以比較清楚看見外陰部的情況。當妳經常檢視自己的外陰部，就會知道形狀或色澤跟之前是否一樣，有沒有因為感染而產生分泌物等。保仁醫師也要提醒大家，外陰部跟人的臉一樣，每個人的長相都不太一樣，例如有的人小陰唇比較厚，有的人比較薄，尺寸因人而異。此外，外陰部的組織也不一定都會對稱，如果感覺兩邊越來越不對稱，或是色澤出現較明顯的變化，就是該尋求醫療資源協助的時候了。

健康小學堂

女性私密處

妳認識自己的私密處嗎？知道每個結構的位置嗎？趕快檢測一下妳對女性外生殖器的常識是否及格。

陰蒂（Clitoris）：又名陰核，位於兩片小陰唇上方的交會處。

大陰唇（Labia majora）：位於陰道開口小陰唇外側，為脂肪豐厚的皮膚組織。

小陰唇（Labia minora）：位於大陰唇內側，呈皺摺狀，左右各一。

處女膜（Hymen）：位於陰道口的一層環狀黏膜。

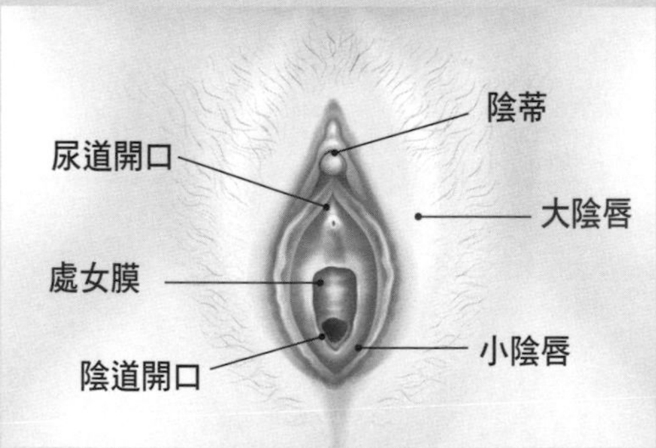

處女內診好怕怕

我常常感到下腹部疼痛，甚至在非生理期時異常出血，雖然碰到這種情況時知道應該就醫，但我實在不敢踏進婦產科大門。我想到大家都會在網路上分享自己的經驗，所以就上網Google，想看看有沒有人跟我有一樣的情況。我用「陰道出血」跟「異常出血」搜尋，沒想到跑出來各式各樣的資料，有的說不用太過驚慌，有的說要趕快去看醫師。天呀！不查還好，越查反而讓我越心慌！

我把情況跟最好的朋友說，她一直叫我去看婦產科，但我就是不敢啊！我曾聽其他朋友說過，到婦產科看病時都要內診，醫師除了會將手指伸進陰道之外，還可能使用器具，一想到這裡就覺得好尷尬！因為我實在不想讓陌生男子觸碰自己的秘密花園。更重要的是，我還是處女。我擔心內診會弄破處女膜，萬一以後男友或老公誤會該怎麼辦？到底為什麼看婦產科一定要內診呢？

保仁醫師診療室

保仁醫師看診二十多年了，在診間遇到的患者，每個人的個性都不一樣，有些人說什麼都不願意內診，但也有人沒做一下內診，就感覺好像沒幫她看過病一樣，很沒有安全感。近年來自拍風氣盛行，還常遇到不少女性患者，會在家裡先用手機把患部的情況拍下來，等要檢查時，馬上把照片秀出來。我先澄清一下，並不是每種陰部的問題都要內診，有時候內診也不一定會用侵入性的工具（鴨嘴）檢查，醫師還是會視當下需求而定，女性朋友們其實可以跟您的醫師直接表達您的擔心與害怕。

雖然已經進入二十一世紀，保仁醫師知道還是有很多女性不敢踏進婦產科的大門，為了消除大家心中的疑慮，我先講解一下婦產科看病的流程好了。中醫有「望、聞、問、切」四診，婦產科醫師看病時除了言語的溝通之外，還包括了內診。語言的溝通是看病時非常重要的一環，表達錯誤容易造成醫師的誤解。保仁醫師在此講一個故事，從前有個小女生去看婦產科，看病的是個老醫師，由於她覺得跟一個老男人討論自己私密處的問題有點尷尬，於是小聲地對醫師說：「我的妹妹很癢。」此時，老醫師抬起了頭，望了望四周，只有面前這個女生，他充滿疑惑地問：「那妳為何不帶妳妹妹來呢？」雖然這只是個笑話，卻也反應出很多女性不知如何跟婦產科醫師溝通的問題。

保仁醫師的建議是，看醫師時可以先簡單整理病情，比如症狀、位置、時間點。其次是提供正確資訊，例如有沒有月經，最後一次月經什麼時候來，有沒有性經驗，尤其是沒有的人一定要告知。接著用實例來說明，例如私密處會癢，可以跟醫師說：「我下面會癢，很不舒服」，如果可以把位置描述清楚更好，像是「肛門口癢」、「尿尿口癢」或「胯下癢」，讓醫師先有初步的判斷。第二個要告訴醫師的重點是，症狀什麼時候出現？例如月經前、後會癢，或吃到什麼食物會癢。第三個是有沒有相關病症，例如有糖尿病或懷孕等情況。醫師若能接收到清楚的訊息，也有利於快速下判斷。有時候醫師可能太專注於看病，會忽略掉病患心理的感受，因此看診時若出現不舒服的狀況一定要勇敢說出來。此外，病患也可以要求隱私，例如覺得要談的內容不適合旁人在，可以要求清場。雖然有些問題很私密、不容易說出口，像是「有沒有性經驗或是否可能懷孕」，也希望醫師病歷上有所保密，但對醫師一定要誠實，這樣才是對醫病雙方都好的做法。

不過，有些女性可能還是無法自在地說出口，因此保仁醫師服務的醫院提供了書面表格，讓不好意思開口的女性朋友可以直接勾選，也協助釐清大家的問題，不妨作個參考。

產科初診單

病歷號：＿＿＿＿＿＿

姓名：＿＿＿＿＿＿ 身分證字號：＿＿＿＿＿＿

英文姓名：＿＿＿＿＿＿＿＿（請以護照上英文名字為主）

出生年月日：＿＿年＿＿月＿＿日 血型：＿＿

性別：□ 男 □ 女 婚姻：□ 已婚 □ 未婚

市內電話：＿＿＿＿＿＿＿＿

手機號碼：＿＿＿＿＿＿＿＿
（此手機號碼將作為日後查詢個人資料所使用，請詳填）

地址：＿＿＿＿＿＿＿＿

＿＿＿＿＿＿＿＿

E-mail：＿＿＿＿＿＿＿＿

必填欄位

性經驗：□ 有 □ 無

開刀病史：□ 有＿＿＿＿＿＿ □ 無

最後一次月經（第一天）日期：＿＿＿＿

藥物過敏史：□ 有＿＿＿＿＿＿ □ 無

慢性病：□ 有＿＿＿＿＿＿ □ 無

預產期

懷孕次數（含本次）：＿＿ 生產次數：＿＿

前胎生產方式：□ 自然產 □ 剖腹產

是否有過流產：□ 是 □ 否

- 自然流產＿次 • 人工流產＿次
- 子宮外孕＿次

婦科初診單

日期：＿＿＿＿＿＿

病歷號：＿＿＿＿＿

姓名：＿＿＿＿＿＿

【產科】

☐ 例行產檢妊娠：＿＿週

☐ 驗孕　最後一次月經：＿＿月＿＿日

☐ 孕前檢查

☐ 遺傳諮詢、羊膜穿刺

☐ 泌尿道問題

☐ 下腹痛

☐ 其他

【婦科】

☐ 異常出血

☐ 腫瘤相關問題

☐ 肌瘤相關問題

☐ 腹痛

☐ 更年期、荷爾蒙相關問題

☐ 經期相關問題

☐ 抹片檢查

☐ 私密處不適

☐ 不孕症諮詢　☐ 其他

【兒科】

☐ 一般門診

☐ 健兒門診＋施打疫苗

☐ 施打疫苗

☐ 營養諮詢或其他＿＿＿＿＿＿＿＿＿＿＿＿＿＿＿＿＿＿＿＿

內診可視情況選擇不同器具

很多女性害怕內診，主因是無法讓陌生人看到自己最私密的地方。保仁醫師覺得：「內診不可怕，不就診比較可怕。」女性應該多關心自己的健康，才不會耽誤病情。婦產科的內診又分為視診及觸診，視診當然是指用眼睛看，一般會先看看小陰唇（小妹妹）及大陰唇（大妹妹），檢視顏色、形狀是否正常，有沒有突起或破皮等狀況。由於陰道平時是緊閉的，就算躺在內診檯上、雙腿張開，陰道也不會自動打開。因此，視診時常需借助工具，例如鴨嘴，這樣才能把陰道撐開，進而看到裡面的分泌物、皺摺與子宮頸的狀況。鴨嘴的種類根據病患族群也有所區分，例如金屬、寬版的適合生產過的媽媽，金屬、細長形的適合一般女性。除了這二種之外，現在還有塑膠材質的拋棄式鴨嘴，因為是透明的，所以能看得更清楚。在國外，甚至有兒童版的鴨嘴，適合沒有性經驗及處女膜完整的人使用。

在診間裡常用的工具不只是鴨嘴，有時也會用到「子宮鏡」，它的直徑只有零點三公分左右，比一支筆還細，可以直接放入陰道裡察看。

觸診則是用手接觸、檢查，有性經驗的人，醫師會直接將食指進入陰道內，如此可以檢測子宮、膀胱、輸卵管及卵巢是否有異樣或疼痛感；沒有性經驗的女生，醫師會改以指頭從肛門進入「肛診」，同樣可以觸摸到這些器官的情況。

內診對婦產科而言是有必要性的，真的很害怕或不願意的人，可以跟醫師溝通看看，哪一種才是最適合的方式，若真的不行，也可以選擇較高層級的檢查來取代內診，才能避免延誤病情。

健康小學堂

什麼是子宮鏡？

子宮鏡是子宮內視鏡的簡稱，就像子宮的針孔攝影機一般，藉由其精密的鏡頭，醫師能從螢幕畫面直接觀察到子宮頸至子宮腔內的情況，並且做出正確的診斷。子宮鏡依材質可分為軟式及硬式，如果以功用來分又有診斷性及手術性的區別。軟式或診斷性的子宮鏡直徑較小，可以在門診不需要麻醉時就進行，手術性子宮鏡直徑較大，通常使用在子宮內膜沾黏、息肉或是肌瘤等治療。

子宮鏡比一比

		管徑	用途	適應症	是否需麻醉	其他
手術性	硬式子宮鏡	5~9mm	施行手術用	子宮有異物、息肉、肌瘤、子宮中膈、子宮沾黏	需要	視手術複雜度，決定是否需住院
診斷性	軟式或硬式子宮鏡	3~5mm	診斷用	異常出血、不孕症、習慣性流產	不需要	檢查全程不到二十分鐘、可能會少量出血、不需住院

陰唇肥大卡到陰

我是個熱愛運動的女生，尤其喜歡騎著自行車到處玩，那種乘風而行、自由自在的感覺真的很棒！不過，每次車友呼朋引伴要出去玩時，我總是覺得又期待又害怕，因為我一直有個說不出口的小秘密……每次騎自行車時，我的小陰唇都會因摩擦而感到不適，這真的讓我覺得非常難受又尷尬。

小陰唇過度肥大讓我的生理及心理都不太愉快。我不曉得有沒有其他女生跟我有一樣的困擾，但我真的覺得自己的「下面」長得很奇怪。因此，每次交男朋友，只要進展到親密關係時，我一定馬上喊停，以免被人發現自己的問題。我想請問保仁醫師，有沒有辦法可以解決我的困擾呢？

保仁醫師診療室

到底有多少女性有類似的困擾呢？數字會說話，根據統計，約二到三成女性因私密處結構異常而產生問題。保仁醫師的門診中，也常碰到病患因騎車或運動而感到私密處不適，檢查後才發現是小陰唇過於肥厚，摩擦時易造成不適感。小陰唇就像是私密處的守門員，不但結構較為複雜，而且又含有豐富的汗腺與皮脂腺。太過肥大確實可能會引起一些困擾，例如擋住陰道口而影響性愛生活，或因為常摩擦導致破皮或搔癢。小陰唇過度增生、肥大也會把陰道悶住，阻礙分泌物的排出，增加異味的產生及感染的可能性。

很多人一定很好奇，什麼尺寸的小陰唇才算正常呢？在什麼都講求「黃金比例」的年代，女性的小陰唇也不例外，醫療上大致分四等級，通常寬度如果在○～二公分是一度，二～四公分屬於二度，多數女性在四公分以下，四～六公分歸類在第三度，算是有點過大增生了，臨床上會有點容易摩擦不適，六公分以上就真的過度肥大了。

大家可能覺得小陰唇應該是先天多大就多大，其實臨床上來求診有兩大族群，第一類是產後媽媽，懷孕因為組織變得豐滿以及荷爾蒙影響，小陰唇常常會有增生（變大）以及色素沉澱的問題，產後其實不太會改善，也造成媽媽們的心理陰影；第二類是運動族群，近年來因為運動風盛行，包含騎腳踏車，慢跑、馬拉松等，都會增加私密處摩擦，也增加小陰唇過大，甚至不對稱來求診的病人數。

醫學上可以借助切除手術來改善小陰唇肥大的問題，尤其現在利用雷射切割，對於組織的傷害減小，復原也比以往改善非常多。但究竟需不需要則視病患個人的感受及需求而定。保仁醫師的病患中，也有小陰唇超過六公分以上，外觀看起來就像一對招風耳一樣，但病患自己覺得還好，不影響生活，因此也就無須特

小陰唇密碼

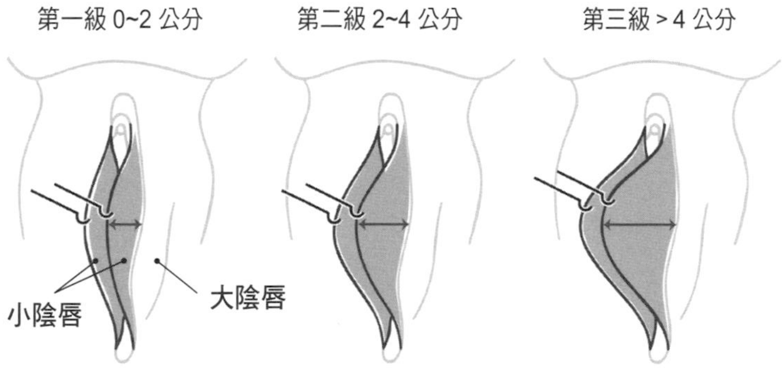

小陰唇整形選項

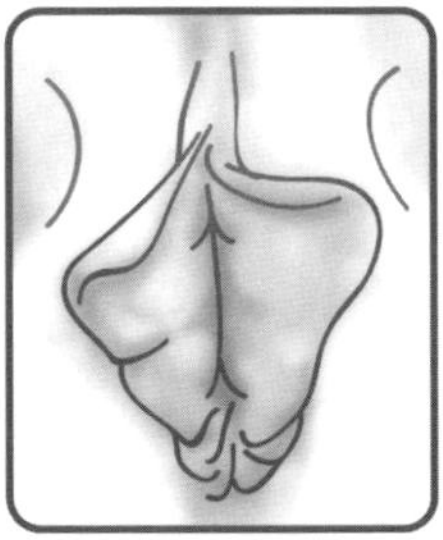

整形前

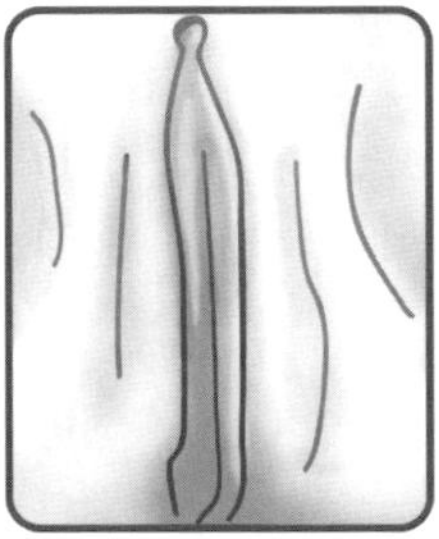

整形後

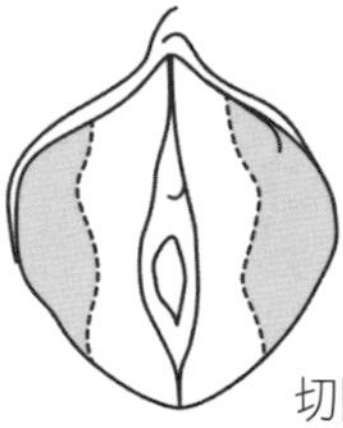

切除手術

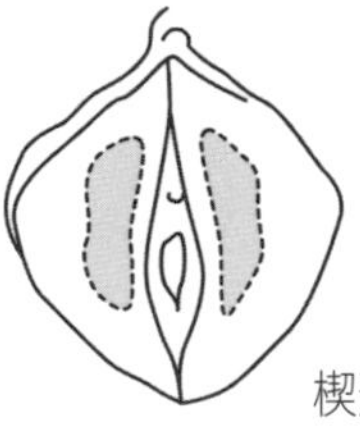

楔形切除

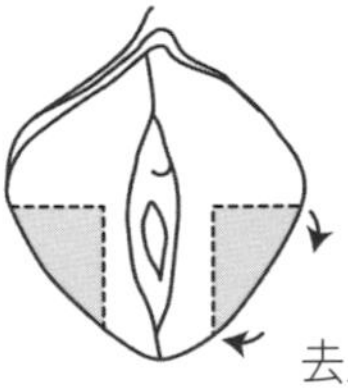

去上皮化

別去處理了。

但是小陰唇的美形手術，是這幾年增加最快的私密處整形治療，手術除了注意到美觀色澤以及對稱外，也要兼具性敏感度的要點，所以手術技巧不是單純切除而已，包含削薄、楔狀切除、去皮等，甚至於有時候要搭配一些細胞治療，另外手術設備的協助也很重要，保仁醫師的醫院引進的雷射刀，在切割時可以減少組織傷害，術後腫脹以及復原都比一般手術刀或是電燒改善很多呢。

初夜沒落紅，可能嗎？

我跟男友是班對，我們從大一剛入學沒多久就開始交往，感情十分甜蜜，羨煞不少人。剛在一起時，我們只是純純的愛，只要牽牽手就會臉紅心跳。不過，隨著交往的時間越來越長，男友也越來越按捺不住，親吻、愛撫等親密行為已經滿足不了正值血氣方剛的他，所以跟我「要求」了好幾次，而我總是用各種理由拒絕。

我真的很愛男友，雖然很希望能擁有彼此的第一次，不過聽有經驗的姊妹們說第一次會很痛、很不舒服，因此心裡多少有點掙扎。隨著男友求歡的次數越來越頻繁，並且保證盡量不弄痛我的情況下，我才終於答應。

抱著期待又害怕受傷害的心情，我以為人生中的第一次終於要發生了，沒想到因為沒經驗加上太緊張，男友始終「不得其門而入」。之後，兩人還是繼續探索與嘗試，雖然終於找對了位置，但每次只要進去一點點，我就因為痛到不行而拒絕再深入下去。男友則是鍥而不捨，在他的溫柔攻勢下，試了幾次後，終於有了第一次。

但奇怪的是，我的初夜並沒有發生傳說中的「落紅」。跟男友討論了一下，猜想也許以前曾因劇烈運動而讓處女膜破裂，所以第一次才沒有落紅。不過，我還是感到很好奇，到底處女膜是什麼？位置在哪裡呢？為什麼處女膜破裂，就會流血呢？

保仁醫師診療室

現代人雖然性觀念越來越開放，但對「初夜」、「處女膜」或「落紅」等，還是存有一些迷思。到底這薄薄的一層膜，為何令某些男性如此執著呢？首先，保仁醫師先解釋一下什麼是處女膜。處女膜的英文是Hymen Ring，感覺上應該改名為「處女環」更正確。不過並非所有人的處女膜都是環狀的，也有少部分人為篩型（膜上有數個小洞，有如孔篩一樣）、微開口型（洞特別小）、中隔型（有兩個開口）、閉鎖型（沒有開口）、月牙型、新月型、唇型等。早在胚胎時期，大約七週左右女性生殖道就開始形成，五個月時會出現一片薄膜，隨後薄膜的中央會開始退化而產生開口，以便日後陰道分泌物及經血排出。出生後，處女膜的開口每年會以一毫米左右的速度成長，一直到青春期才停止。女性第一次性經驗發生時會感到疼痛及裂傷出血，就是因為處女膜被撐開、裂傷的關係。

第一次愛愛沒有落紅是很正常的情況，根據統計，大約只有百分之四十三的女性初夜會見血。不過，沒有落紅的原因未必全如大家猜想的那樣，是因為劇烈運動或騎腳踏車而讓處女膜提早破裂。其實，很多處女膜完整的女性，也可能因為韌性高因此不易破裂，或出血量太少而不明顯。至於初夜會感到特別疼痛，除了跟處女膜有關之外，對方的動作、環境及情緒也都是造成不舒服的原因。根據統計，只有不到一成的女性擁有美好的初夜經驗，大部分的人都是在又痛又怕的情況下，完成了生澀的第一次性經驗。

最後，保仁醫師要奉勸所有的朋友們，初夜大約有百分之十的中獎率，因此不管是精心策劃想完成性愛初體驗的人，或是一時天雷勾動地火而發生了第一次，都應該做好避孕的防護工作，才不會「鬧出人命」來。

女性也會勃起嗎？

男友很愛看A片，他說從這些色色的影片裡可以學到很多性愛的知識跟技巧。雖然我對他的話半信半疑，但心情好時也會陪著一起看。我記得有一次劇情是男主角不斷撫摸女主角的陰蒂，一開始女主角看似有些不舒服，但不久後就一副欲仙欲死的樣子。男友說陰蒂是女性最敏感的部位，受刺激時會像男性的陰莖一樣勃起，不久後就會到達高潮！我很想知道男友說的都是真的嗎？陰蒂真的會像陰莖一樣勃起？

保仁醫師診療室

女性的陰蒂勃起聽起來好像非常不可思議，也讓我們更感覺到造物者的奧秘。據說上帝造人時，女性的陰蒂與男性的陰莖同源，因此陰蒂不只像男性的陰莖一樣會勃起，而且外圍也一樣被包皮所包覆著。

陰蒂位於小陰唇上方，呈現凸起狀，是女性性生活中不可或缺的部位。在女性的性器官中，最敏感的地方就是陰蒂了，第二名則是小陰唇。女性的陰蒂確實像男性的陰莖一樣，在受性刺激之後會勃起。陰蒂相當於男性陰莖的海綿體，有豐富的靜脈叢及神經末梢，當女性興奮時，陰蒂也會像男性陰莖一樣勃起，此時小妹妹的頭會脹大、突出來一點，而這並不會對性行為造成阻礙。

有人說陰蒂是女性高潮的開關之一，因此在愛愛的過程中多給予刺激，例如揉搓、按摩或吸吮等，可以讓女性高潮迭起。不過保仁醫師要提醒大家，敏感帶或高潮的位置因人而異，最重要的是男女雙方彼此探索才知道什樣的方式能為對方帶來最舒服的快感。

男女生殖器官對照表

男性	女性
睪丸	卵巢
陰囊	大陰唇
尿道海綿體	小陰唇
陰莖	陰蒂
陰莖包皮	陰蒂包皮

保仁醫師冷笑話

有一次保仁醫師在節目裡分享「女人的最棒的性感帶在耳朵」。在場包含主持人在內開始竊笑，以及承認耳朵，嗯！的確感覺不錯；其實真正的答案是，對於女性，甜言蜜語以及稱讚關心對於親密關係的營造，比任何肉體上的刺激還棒，所以男生們記得，甜言蜜語也是良好前戲的一環喔。

男性性器官側面圖 A

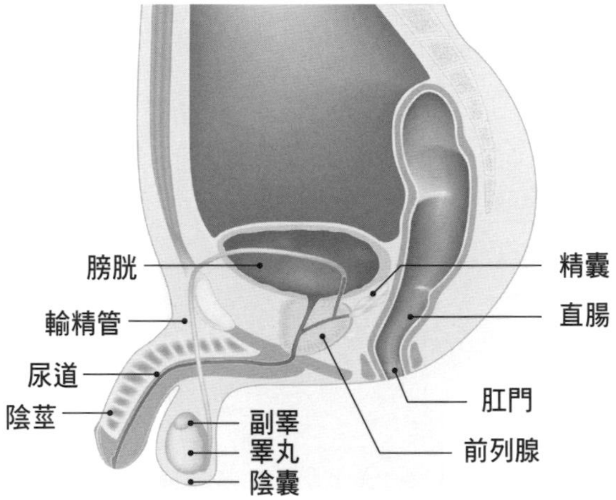

男性性器官正面圖 B

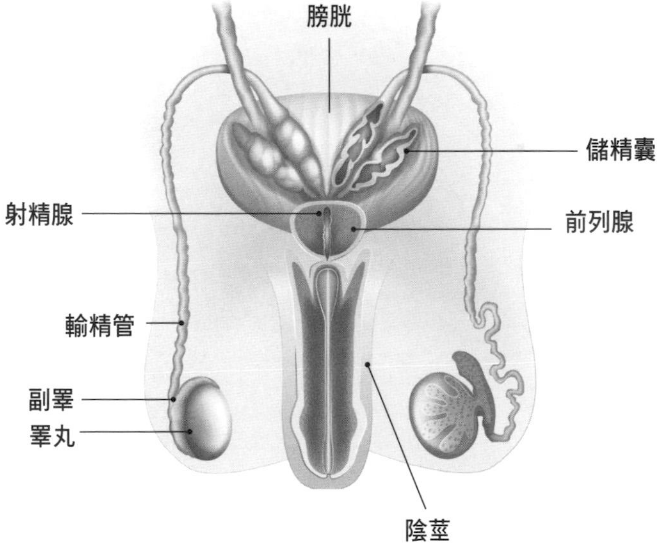

女性性器官側面圖 A

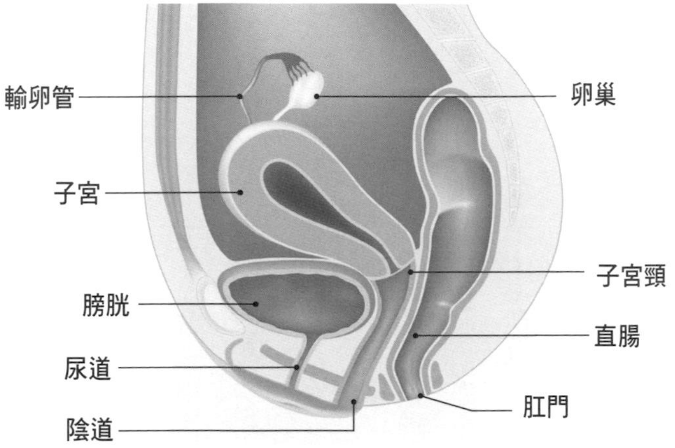

女性性器官正面圖 B

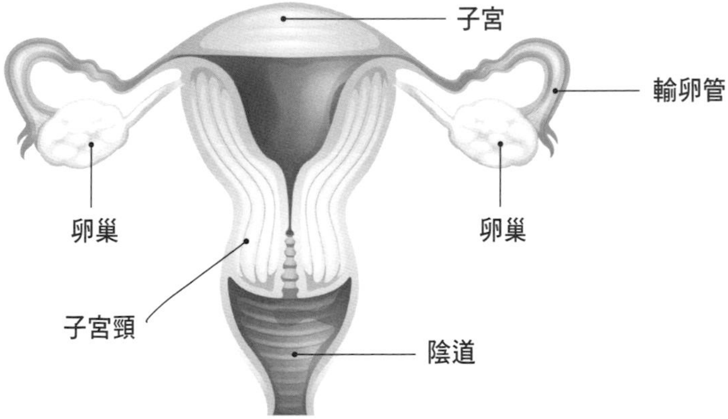

棉條會戳傷處女膜嗎？

我的同學中很多人都開始使用棉條，用過的人都說感覺好自在、好方便，但我還是怕怕的耶。我不敢用棉條的理由其實很簡單，因為我還沒有性經驗、還是處女啊，所以很擔心用了之後會弄破處女膜。雖然我的好朋友再三跟我保證絕對不會，但我還是不敢輕易嘗試，我想還是先請教一下醫師再用，會比較保險。

保仁醫師診療室

在談棉條與處女膜的問題之前，保仁醫師想先幫大家溫故知新一下。現代女性在月經來時，普遍都會使用衛生棉、衛生棉條或護墊，甚至現在還有月亮杯等產品，但是大家知道衛生棉是怎麼來的嗎？古代的女性當然沒有衛生棉這麼便利的產品可以用，以前中國婦女在生理期時會使用衛生巾，據說古埃及人是使用軟化過的紙草葉子，而希臘人則是將麻布包在木頭上當作衛生棉條來使用。一直到了十九世紀，開始有人將棉絮裝入布袋中，成為現代衛生棉的先驅。第一次世界大戰時，有人將纖維棉添加在拋棄式的繃帶或棉布裡，第一代的衛生棉於是誕生了。一直到一九二〇年左右，美國金百利克拉克公司（Kimberly-Clark）生產了全世界第一片拋棄式的衛生棉，幾年後，嬌生公司（Johnson & Johnson）也推出了自家衛生棉的品牌。一九二九年左右，美國有位醫師發明了導管式衛生棉條，棉條的出現，讓許多愛好運動的女性在經期時可以更方便、更自在，因此在歐美地區很受歡迎。

關於棉條的發展，還有個小插曲。衛生棉條剛問世時，許多女性

衛生棉條吸力標準

流量	標示法 1	標示法 2	標示法 3
小於 6 克（量少型）	Low absorbency	Junior（Mini; Lite）absorbency	💧
6-9 克（普通型）	Medium absorbency	Regular absorbency	💧💧
9-12 克（量多型）	Medium-high absorbency	Super absorbency	💧💧💧
12-15 克（量極多型）	High absorbency	Super plus absorbency	💧💧💧💧
15-18 克	Very high absorbency	Ultra absorbency	
大於 18 克	Highest absorbency		

驚訝於它的方便性，使用時也幾乎忘了它的存在，而廠商之間為了競爭，商品越研發越小，吸收力也越來越強，即使放入陰道內兩、三天也沒問題。不過，吸了血的衛生棉條是細菌的大溫床，非常具有感染性。大約一九六〇年左右，有個女性將棉條放在陰道內兩、三天都沒有拿出來，結果誘發了敗血性疾病，最後還因而死亡。為了避免這樣的悲劇再度發生，美國政府於是立法限制衛生棉條的吸收量。從此，衛生棉條吸血到一個程度之後，血液就會滲透出來，使用者也才不會忘記它的存在。

習慣自我探索者較適合使用棉條

衛生棉條的使用情況，東、西方其實大不相同。西方女性喜愛使用衛生棉條，原因在於她們喜歡運動、熱愛自由，不想礙於生理期而讓活動變得不方便。保仁醫師的患者裡也有很多運動愛好者，當月經來時，她們會選擇使用衛生棉條，一樣可以去游泳或玩水，行動才不會因生理期而受限。不過，就如前面所談到的，華人的性教育缺乏陰道自我探視的部分，因此要把東西放入陰道裡，很多女性會感到害怕。不過也有不少女性表示，只要使用習慣，大部分的人還是滿喜歡的。

至於使用衛生棉條有無損傷處女膜的疑慮，通常是東方人才會比較在乎，國外大部分的人都不重視這樣的問題。沒有性經驗又想嘗試衛生棉條所帶來的方便性，其實也不是不可能，因為現在也有廠商研發出體積較小、藉由導管置入，使用時不會傷害到處女膜的產品。因此，建議對於在乎處女膜是否完整的人，不妨選擇「沒有性經驗專用」的產品即可。

陰毛羞修修

我有很多外國男性友人，對於東方女性都很感興趣，覺得她們外表美麗又比同齡西方女性看起來年輕多了！不過，這些外國男性朋友們對一件事情感到非常不理解，而且有點被驚嚇到，那就是他們交往的東方女孩中幾乎都不整理下面的毛髮。我的女性朋友中，有人覺得整理陰毛是一種時尚的指標，這就好像頭髮有設計師，妹妹那裡的毛也一樣，同樣要整理得乾乾淨淨、漂漂亮亮的，但也有人認為有陰毛看起來才自然，究竟陰毛該不該剃呢？

保仁醫師診療室

在回答陰毛的問題之前，保仁醫師想先跟大家做個小測驗，題目是：「妳知道歐美哪一類雷射機器銷售量最好？」

答案：

A 除斑　B 美白　C 除皺　D 除毛

如果以台灣醫美的風潮來說，應該大部分的人會以為是除斑或美白吧？其實國外雷射需求量最大的是除毛，包括了腋毛及陰毛。

我們再回來討論陰毛到底該不該整理的問題。陰毛跟頭髮一樣功能性不多，主要是美觀跟保溫的作用。你一定覺得很奇怪，為什麼私密處需要毛髮的保護？其實陰毛除了保溫之外，也有減少性愛時摩擦的功用。如果從兩性的角度來看，陰毛是「頂漿腺」分布最密的區域，會釋放大量的費洛蒙，據說能增加對異性的吸引力。除了陰毛處之外，人體頂漿腺較多的部位還有腋下，因此頂漿腺太過發達的人，也可能因味道太過濃烈而產生狐臭的困擾。

以前西方國家的貴族們都會剃除陰毛，他們認為這是一種高貴行為的表徵，但隨著時代推進，貴族跟平民們融合在一起，除毛的習慣也變得不分彼此了。一直到現代，西方文化還是認為陰毛沒有整理乾淨是不禮貌的行為，給人的感覺好像不太衛生，因此外國女性普遍會整理自己下面的毛髮。陰毛不只跟性愛有關，如果從醫學的角度而言，適當的整理也能避免外陰部被遮蔽，以免忽略病變發生的可能性。不習慣把陰毛全部剃除的人，也可以選擇局部修整，如此也能降低毛髮生長過渡期的搔癢感。

健康小學堂

有哪些除毛方式？

市面上除毛的方式非常多，除了自己DIY之外，也可以至醫療診所利用最新的技術除毛。想要除毛的人，不妨多比較看看，才能知道哪種方式最適合自己。

除毛方式比一比

	原理	疼痛感	優點	缺點
拔除	用鑷子將毛髮一根根拔除	非常痛	連根拔除	●耗時 ●可能刺激毛囊，造成發炎 ●不持久
脫毛蠟	用黏性物體黏附毛髮，進而拔除	疼痛感明顯	連根拔除	●易造成局部紅腫 ●處理不當可能引發毛囊炎 ●不持久

除毛膏	利用化學物質溶解毛髮結構，待毛髮變軟後再刮淨	無	• 能在短時間內大面積除毛 • 對毛囊傷害小	• 除毛力弱，無法連根拔除 • 易有毛渣 • 效果僅能維持三天左右
除毛刀	以除毛刀將毛髮刮除	不明顯	方便、快速	• 除毛效果短暫 • 易有毛渣 • 易使新長毛髮變得又黑、又粗、又硬
雷射	利用光束破壞毛囊，避免毛髮生長	術後輕微紅腫、刺痛	• 由專業醫療人員操作 • 效果較持久	費用較昂貴

Part 2

青春靚女的性愛探索

愛愛有益健康？

前幾天我跟幾個姊妹淘聚在一起喝下午茶，閒聊時，有人提到最近跟男友愛愛的次數越來越少，品質也每況愈下。就在大家七嘴八舌的討論時，突然有個朋友眼尖地注意到我最近皮膚變得好好，氣色也整個亮起來了，問我是不是交了新男友，炒飯次數變多？以前我就常聽說做愛有益身心健康，但總以為是道聽塗說，不是也有人說縱慾過度有礙健康嗎？到底哪個說法才是正確的呢？

保仁醫師診療室

保仁醫師常在媒體宣導「愛愛對健康有益」，但在一些網路筆戰、電視節目或是與朋友閒談之時，總會有一些踢館的言論。很多人在討論兩性問題時會提及：「性生活到底是好或是壞？」、「過度性生活會不會傷身？」、「誰吃虧或是佔便宜？」身為專業人士，保仁醫師想趁機提供一些有研究背景的資料以供大家參考。套句李組長常說的話：「證據到哪裡，案子就辦到哪裡。」所以今天的資料可能變成明日的笑話，但是各位看官們，我們還是一起來看看研究怎麼說吧！

根據 Joy Davidson PhD，一位美國心理學家由相關研究報告及觀察得到的資料顯示，性活動有以下十項優點：

1. **減壓**：好的性生活有助於減壓，而且還可以改善血壓。除了好品質的性生活之外，對女性而言，即使只是一個真情的擁抱，也可以改善血壓。當然如果不能盡興，沒有達到適當高潮，對於女性有時候會增加骨盆腔充血的機會，女性常常會慢性骨盆腔痛喔。

2. **加強免疫能力**：每週兩次好品質的愛愛，可以提升 IgA 抗體或是免疫球蛋白的量，可以減少感冒傷風的機會，但不是包山包海。

3. **燃燒卡路里**：愛愛每半小時可以燒掉八十五大卡，換算一下，大約四十二小時可以用掉七千大卡，差不多減

免疫球蛋白小教室

免疫球蛋白可分為五類，即免疫球蛋白 G（IgG）、免疫球蛋白 A（IgA）、免疫球蛋白 M（IgM）、免疫球蛋白 D（IgD）和免疫球蛋白 E（IgE）、IgG、IgA 和 IgM 個別有個別功能，IgA 負責黏膜部分的免疫，簡單地說，跟呼吸道感染關係比較密切。

掉一公斤……但是應該也磨破皮了。不過享樂又可以減重，也是一舉兩得。

4. 改善心臟功能：以往大家有個印象，性活動會增加中風的機會（保仁醫師覺得應該是「馬上風」這個名詞盛行導致的錯覺）。根據英國針對九百一十四位男性追蹤長達二十年的研究顯示，每週擁有一到兩次性生活的人，比一個月不到一次性生活的男性，中風機率明顯下降。這又是一個教老公做功課的好證據。但是預防重於治療，年輕或是身體機能狀況好的時候就要開始了，如果已經有心臟功能問題，還是要請教您的醫師，量力而為啊。

5. 改善自尊：有千百個理由支持這個論調，也許互為因果，有自尊就有自信，性生活自然較好；但是重點是在「有愛」的性生活，可以提升自信及自尊。

6. 改善親密感：好的性生活以及性高潮可以提升催產激素（oxytocin——這是一個跟一夫一妻制有相關的荷爾蒙，也是增加女性幸福感的荷爾蒙），如果你覺得力有未逮，沒關係！一個深情用心的擁抱也可以達到效果。

7. 改善疼痛：剛提到的催產激素又派上用場了，在催產激素增加的同時，腦內啡也會增加，所以你知道，凡是頭痛、經前症候群、關節痛都會改善。

8. 降低攝護腺癌的風險：對二十郎當的少年郎來說，如果可以達到每週五次的射精，可以降低三分之一日後攝護腺癌的機率（沒有女朋友也沒關係，只要射精就算，所以自慰也包含在內）。而三十歲以後的好朋友們，根據美國著名的醫學期刊《JAMA》論文資料，每個月「出清」二十一次以上，仍然比每個月「出清」不到四次的族群，明顯減少攝護腺癌的風險。不過，一個月要二十一次，對於生活以及工作壓力大的華人族群，真的是有點難……

9. 強化骨盆腔肌肉：這跟婦女泌尿有關，因為好的性生活及高潮帶來的刺激如同凱格爾運動（Kagel's exercise），這是強化運動骨盆底肌肉群的運動，改善漏尿、頻尿的困擾。

10. 改善睡眠：又要提到催產激素了，前提也是要高潮比較能大幅升高催產激素的濃度，所以如果你的伴侶在炒飯後翻身就睡著打呼，往好處想，他應該有達到高潮（雖然這種事好像都發生在男士身上），但是如果親密關係結束後，太太輾轉難眠，老公還是不能置身事外。

性愛也有SOP嗎？

我跟男友在一起很多年了，雖然還沒結婚，但感覺越來越像老夫老妻。由於彼此間的新鮮感漸漸消逝，愛愛那檔事除了「質」變差之外，「量」也大不如從前。男友為了找回愛愛的樂趣，上網做了不少功課。有一天他突然興高采烈地告訴我，原來愛愛也有SOP，只要按照「正確標準流程」進行，就能重拾「性」福。老實說，我真的對他的說法很不以為然，愛愛怎麼可能有標準流程呢？如果每個步驟都照著流程來，不是會讓做愛流於形式嗎？

保仁醫師診療室

現在是個「SOP控」的時代，什麼都講求標準流程。保仁醫師想問一下大家，覺得「炒飯」這檔事有沒有SOP？你可能會說：「如果炒飯也要照著SOP來，多怪啊?!」但是，無聊又正經八百的醫界，當然還是又搞出SOP來了。

從左列的資料，我們看到炒飯的SOP是有親密關係的伴侶之後，再刺激、喚起情慾，接著才能步入單刀直入的階段。登堂入室一陣之後，男性射精，女性達到高潮，最後是彈盡糧絕，雙雙精疲力盡。看到這裡大家一定很訝異，原來炒飯真的有SOP耶！如果照著醫界專家的建議，每個步驟按部就班去做，是不是就能飄飄欲仙呢？請再仔細回想一下，誰會照著這樣按表操課的愛愛啊？真實的性生活狀況，不管是一時天雷勾動地火就做了，或是怎麼試卻都久久不起，各種情況應該都有吧！

男女眼中的性愛大不同

既然炒飯不能照著SOP來做，那我們就來聊聊如何才能提升性愛滿意度吧。男性眼中的性愛跟女性是截然不同的，男性的快感集中在「提槍快跑前進」及「單刀直入」的階段，而且很快就卸甲歸田，這就是俗稱的「性愛時間」。如果以「用餐」來比喻親密關係，男性只重視主菜，牛排先

性愛 SOP

第一階段	進一步關係（登堂入室）
Intimacy（親密關係） Stimulation（刺激） Arousal（喚起、情挑） Desire（情慾）	Excitement（興奮） Plateau（高原） Orgasm（高潮） Resolution（恢復期）

看油花美不美、可不可口，接著只想趕快扒光。但是，女性在意的是要燈光美、氣氛佳，若還能加上精緻的擺盤，誘人的帥哥（例如長得像金城武）服務，滿意度自然可以大大的提升。最重要的是沙拉、前菜、佐餐酒、主菜及甜點，這些都得一道道慢慢的上，如此才有更高的吸引力。也就是說女生眼中性愛時間包含了前戲的擁抱、親吻、刺激，以及結束之後的抱抱、言語上的安慰，這些都算進性愛時間裡。因此體力不好的男生，保仁醫師建議不妨將前戲與後戲時間拉長，就像主菜上得太快，就得把餐前酒及小菜時間拖久一些，售後服務延長就對啦！請記得，性愛是Double play，切勿自爽後翻身就睡。保仁醫師曾聽過熟女級美女評議男人在性事上的八字訣是：「硬了、射了、軟了、睡了」，雖然從醫學上來說是事實，但還要加入一些元素，才能讓過程更豐富、更美妙一些。別忘了，射精了後一定要親親、抱抱、聊聊，總之要讓對方感受到有售後服務就對了，千萬不要馬上睡著，除非真的老了、不計較了。

了解性愛中對方真正在意的地方

保仁醫師曾經偷聽過一堆熟女在聊天，討論哪一國男性床上的表現最好，大家幾乎異口同聲都說：「法國！」

保仁醫師覺得很好奇，因為根據研究顯示，法國男性作戰時間（持久度）並不是最長的。再仔細一聽，原來女性認為的「做愛」，並不是只有在床上翻雲覆雨的時間而已。曾經有位女性去法國旅遊，旅途中邂逅了一位酒館經營者。兩人閒聊後，這位男士得知她嚮往在法國的鄉間小路漫步，或者悠閒地騎腳踏車。當天，男方馬上先安排了在風景優美的鄉間小路騎腳踏車的行程，大約騎了三個小時後，兩人才回到室內喝酒，調情一陣子之後開始做愛。這名女性以滿足的口吻回憶道：「那真是這輩子最難忘、最滿意的性愛了！」聽到這裡，保仁醫師才恍然大悟，原來，騎車的三個小時也算是前戲。這就是男女眼中性愛的不同。因此，奉勸各位男性千萬不要傻傻地照著性愛ＳＯＰ走，反而應該補強女伴眼中最在意的部分，這才是親密關係中最重要的。

看到這個例子，很多男性一定問：「每次都這樣搞，會不會太累啊？」當然，天天吃大餐也會膩，因此不用每次都這麼費工夫，老夫老妻只要懂得變化菜色，一樣會有很棒的性愛生活，之後再告訴大家「如何炒冷飯」。

愛愛的時間多久才好？

我有幾個男同事都很愛在大家面前開黃腔，而且老是吹噓自己在床上可以撐很久，因此女伴們都很滿意。老實說，我認為持不持久對女性而言根本不是那麼重要，重點是覺不覺得舒服。不過，最近我跟男友的床事也出現一些問題，雖然我沒有很在意時間長短，但最近他常莫名其妙很快就射精了，我還沒有享受的感覺，他就草草結束。我很擔心打擊到他的自尊心，所以不曾在他面前有任何抱怨，但我還是很想問，到底愛愛時間多久才算合格呢？

保仁醫師診療室

上一篇我們提到了「性愛時間」，是指男性提槍快跑到單刀直入的這段時間，一般指男性炒飯時撐得夠不夠久，也是看這段時間。目前統計出來的數據顯示，全世界各國男性平均約三到十分鐘，也就是三分鐘就算及格，超過十分鐘就算長。不過，現在有其他版本認為撐不到兩分鐘才算早洩。保仁醫師覺得目前醫療上對「快槍俠」的定義真的是越來越寬容了。話說回來，男性們千萬不要認為越持久對方會越滿意，因為根據研究顯示，性愛時間超過十五分鐘後，女性的分泌物就會開始逐漸減少；三十分鐘以上的摩擦生熱，女性就會感到痛苦，甚至是破皮。而且，男性一直摩擦也不見得舒服。因此，保仁醫師建議性愛的最佳「賞味時間」為六至九分鐘，超過十二分鐘就開始有點累人了。

愛愛滿意度

健康小學堂

早洩的定義

早洩就是男性太快達到高潮而射精，是最常見的男性性功能障礙。到底多快才算早洩呢？依據美國現代性學研究創始者金賽博士在一九五〇年的定義，性交時間是從陰莖插入陰道開始，到射精為止，平均一分半到兩分鐘即為正常，百分之七十五的美國男性在三分鐘之內就射精，但多數人對性行為的時間長短沒有概念；以致有些人雖是正常，卻自以為早洩。

另外醫療上的定義：在於非藥物，在極小的刺激就卸甲歸田，還有反覆出現，造成人際關係上的困難與障礙。

小弟弟的尺寸重要嗎？

我男友是個很愛自誇的人，常常說自己小弟弟的長度比別人長，尺寸比別人大，不然就是常大言不慚地說自己在床上很威猛。老實說我覺得他這種行為很幼稚，男女雙方在一起，重要的是感覺，而不是尺寸吧？真要比較的話，我覺得技巧好的男人，才能讓女生在愛愛時真的感覺舒服啊！究竟為什麼男人這麼愛比較呢？

保仁醫師診療室

男人是喜歡比較的動物，比財富、事業、身材、比性能力、比長度……雖然常常都落入誇大吹牛以及「男人只剩一張嘴」的地步，但是還是提供一些科學數字給大家參考：

二〇一五年二月《The British Journal of Urology International》登了一篇論文，參與研究對象共計一萬五千五百二十一人、以高加索白人為主，以下是大致結論：

1. 長度：未勃起／勃起：平均九點一六公分（三點六一英寸）／十三點一二

公分（五點一六英寸）。所以若勃起時超過十六公分，你在白人世界都排行前百分之五了。

2.粗（圓周）：未勃起／勃起：九點三一公分（三點六六英寸）／十一點六六公分（四點五九英寸）

3.測量方式：長度是從恥骨（根部）到頂端，記得包皮不算；而圓周以根部或是小弟弟的中點為準。

4.小弟弟長度跟身高、體重、ＢＭＩ甚至於鞋子尺寸無關，當然也跟鼻子大小無關。至於人種，這份資料以白人為主，白人間差異不大。根據教科書統計，黃種人平均略短一點點，但現代人營養的進步，還有基於民族自信心還是要說，我們的硬度比較好！

5.根據統計，只有百分之五十五的男人滿足自己的小弟弟尺寸，而且超過一半的男人報的數字都是虛報。

保仁醫師真心覺得尺寸不是重點，想要跟另一半有更好的性關係，注意以下事項，事半功倍：

1. 親密行為是一種互動，不要只在意自己的想法，硬體只是一部分。

2. 女人要的是愛及關懷的「親密」感，男方太大或是太久，不一定會讓女人舒服。

3. 主菜不夠豐盛，有時候前菜、甜點、飲料以及用餐環境也能加分。米其林評分也包含餐具、用餐環境以及氣氛呢！所以不要忽略了前戲與環境。

4. 真的好奇想知道自己的排名，請自行參考下表吧！

尺寸

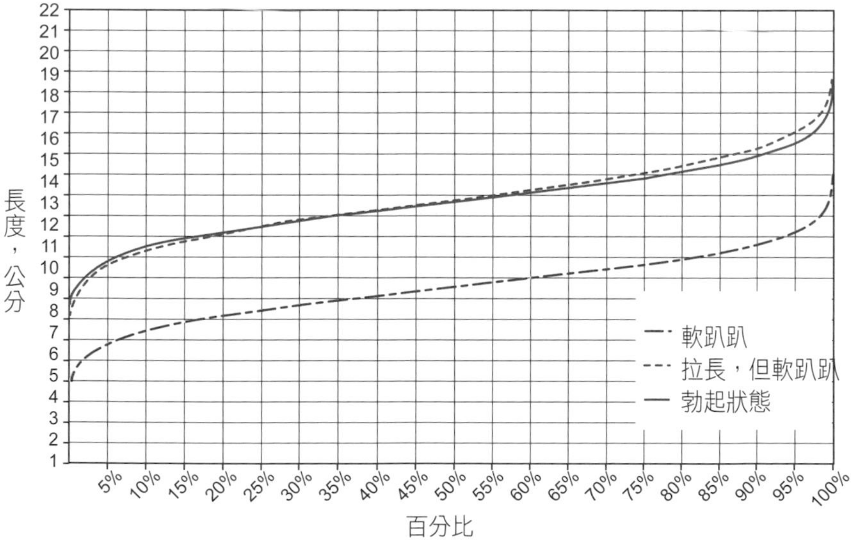

什麼是性高潮？

保仁醫師您好，我今年已經快四十歲，而且孩子都生了二個，但還是有一件事讓我感到很困惑。這件事我真的不好意思去問其他人，剛好看到電視上你曾談過這個話題，所以想說問你應該是最適合的吧。

我的困擾是：「到底什麼是性高潮啊?!」跟老公做愛時，雖然也感覺很愉悅，但我自己偷看A片時，女主角「高潮」的樣子，好像跟自己的經驗有所差距。老公常嫌我「反應不夠好」，為了配合他，我有時也會發出呻吟聲，久而久之，好像也越來越有感覺。但是，我還是覺得很奇怪，為什麼沒有辦法像別人那樣感覺欲仙欲死呢？該不會我從來沒有高潮過吧？

保仁醫師診療室

如果用正經八百的話來解釋，性高潮，指的是性愛時感覺愉悅的最高點，男、女雙方通常會有射精、臉紅、抽搐等生理表現。男性的性高潮大部分以射精做為終點，女性的性高潮則是由大腦神經傳送至陰部，而且只要繼續多給予性刺激就可能達到多重性高潮。不過，性高潮究竟會到達什麼樣的程度，跟每個人的經驗、技巧及刺激都有關係。此外，男、女的性高潮也大不相同，女生興奮的高原可以因反覆刺激而不斷增加，因此真的可以「高潮迭起」，而男性使盡洪荒之力也只有一次而已。高潮後會進入「不反應期（refractory）」，保仁醫師常說這就是進入「叫天天不應，叫地地不靈」的不應期。這段「不應期」也有人說是「不硬期」，男性怎樣都硬不起來。男性的不應期隨著年齡而出現長短的差距，年輕時可能只有幾分鐘，所以為什麼可以「一夜七次郎」，但隨著年紀的增長，經常需要好幾天才能復原，女性也有不反應期，但很短，有時只需要幾秒鐘而已。

女性高潮分為五大等級

女性的高潮可分為五大等級，第一級就是俗稱的「陰蒂高潮」，傳說中騎腳踏車或雙腳夾緊就有快感，就是屬於這級。不過，既然是屬於第一級，當然就是所有高潮等級裡最容易達到的。第二級是「陰道高潮」，也就是所謂的「G點高潮」，藉由男性陰莖在陰道的刺激，而產生的愉悅感受。G點在哪裡呢？大約是陰道前端約二到五公分的位置。如果手指從正面插入陰道，大約是前二個指節的位置。第三級保仁醫師稱為「內外兼修」，也就是陰蒂再加上陰道裡面的高潮。第四級是「同時性高潮」，是男、女雙方同時達到性愛愉悅最高峰的意思。第五級屬於可遇不可求型的，也就是常被過度神話的「潮吹」。

國外性學家曾畫過一個卡通圖畫，假如第一級性高潮是騎腳踏車，第二級是一般的豪華進口車，第三級是重型機車，第四級是法拉利等級超跑，第五級就是噴射飛機了。在性愛的過程中，感受到的是騎腳踏車還是乘噴射機，或者是否能高潮迭起，跟男女雙方都有很大的關係，因此有賴彼此雙方的用心經營才行。

傳說中的G點

前幾天我翻閱女性雜誌時，看到一個從來沒見過的名詞——G點。文章中說G點是女性性愛時高潮的開關，開發自己的G點，可以讓高潮感覺更強烈，甚至好像要爆炸一樣！此外，G點高潮可以持續好長一點時間，愉悅的感覺久久不散。天呀！當了快三十年的女人，性愛經驗也不算少，我竟然從來不知道自己有G點？到底這個神秘的點在哪裡呢？又要怎麼才能找到它？

保仁醫師診療室

先解釋一下G點的位置，性愛時，女性比較敏感的地方包括了大小陰唇、陰蒂，以及G點。G點在陰道的前壁內，恥骨後的一小塊區域，圍繞著尿道，屬於尿道海綿體的一部分。G點也就是女性的性感帶之一，受到刺激時能夠引起強烈的性快感及高潮。

接著保仁醫師又要來出考題了，相信大家的英文都不錯，既然跟性愛有關，為什麼不叫「F點」（Fxxk）或「S點」（Sex），而要叫G點呢？

原來，G點是一九四〇年代德國婦產科醫師 Grafenberg 提出，從此就以他的姓氏開頭的字母G來命名。G點雖然早在一九四〇年左右就被提出，但當時並沒有引起太熱烈的反應，真正開始蔚為風潮是從一九八一年開始。當時，心理學家 Dr. Addiego 針對兩千三百三十五位職業婦女展開問卷調查，結果顯示，近三到四成婦女在高潮時有液體射出，也就是俗稱的「潮吹」。不過，如果曾感受到G點存在者，約八成左右在高潮時會出現液體。換句話說，陰道前壁受刺激時會覺得比較敏感的人，強烈高潮的機率是別人的二倍。不過，有些專家對G點一直抱持著存疑的態度，為了證實G點存在與否，甚至有研究者對女性屍體進行解剖，結果顯示約四成的女性可以找到G點「神經結」的位置，而她們也被認為神經刺激感覺會比較強烈。

尋找G點不如探索敏感帶

到底G點對性愛重不重要呢？知道自己有G點的人，性愛時自我感覺會比較好，性生活的滿意度也會比較高，這就好像擁有 iPhone（或名牌智慧型手機）的人，可能感覺自己生活品味比較高一般。不過對於不注重性生活的人來說，就算知道自己有G點，對他們而言其實也沒有什麼意義。這就好像如果有個東西吃了可以增加體力，跑步會進步很快，大家都會搶著去吃，但有些人根本不跑步，因此知道有這項東西的存在也沒意義。

保仁醫師建議與其找尋女性的G點在哪，不如搞清楚哪裡才是對方的敏感帶，這點一定要男女雙方互相探索才行。保仁醫師去演講時經常問台下的聽眾，知道另一半的敏感帶在哪嗎？有一次，有個男生回答說：「在背後！」當下我真的覺得非常難得，因為這要心思很細膩的人才能發掘。不過，看了看眼前的這位男性，長相屬於相當粗獷型，感覺上應該沒有那麼細心才對。再度追問之後，才知道是女友主動告訴他的。

保仁醫師想起以前曾經看過一個日本節目，要求夫妻二人互相寫出對方的敏感帶位置，結果老公的答案是錯的。節目中，這位老公還嘴硬問太太：「妳敏感帶什麼時候變了?!」其實不是太太善變，而是她的敏感帶從沒被探索過。因此，建議大家要大方跟伴侶談性，千萬不要害怕啟齒，這樣才會有越來越美好的性生活！

除了G點，還有什麼點嗎？

我聽說大部分的女性都會「假高潮」，其實我也不例外。不知為什麼，跟男友愛愛時總是沒有太強烈的感覺，好友說那是因為我沒找到敏感帶，她還說女生那個地方有很多點，找到了它們，就等於找到高潮的開關。她說的這些點，除了G點之外，其它我都沒聽過耶，究竟這些神秘的點在哪呀？

保仁醫師診療室

G點高潮能讓女性在性愛時感覺到達顛峰，因此被視為啟動「性福」的鑰匙。其實，除了攻下G點之下，其他「點」的開發，也有助於性愛時高潮不斷。

A點：位於子宮前穹窿，又稱為深點（Deep spot），或第二G點。A點是馬來西亞的性學專家提出的，正確刺激A點能快速改善性愛時陰道乾澀的問題，同時也能提升性刺激感。

U點：位於尿道開口附近的一小塊區域，簡單說就是環繞著尿道開口，但不包含靠陰道那一邊。據說，刺激U點能引發女性陰蒂的勃起反應，而且效果令人驚奇。

A、U、G點圖

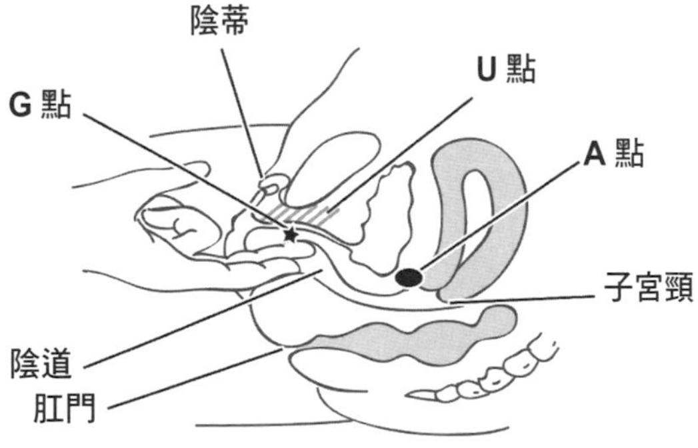

我的G點在哪裡？

我不知道自己是不是性冷感，但是從以前到現在，愛愛的過程中真的很少感覺到高潮。也許我總是表現得像隻死魚一般，漸漸地，男友也越來越提不起勁。我曾跟我的姊妹淘們討論這件事，她們說那是我沒找到自己的敏感帶，如果能開發G點的話，以後肯定會「高潮不斷」。我想請教一下醫師，G點究竟要如何開發？找到G點，真的可以改善和另一半的親密關係嗎？

保仁醫師診療室

現在有很多私密課程，教大家如何開發G點，方法可能是利用手指自我探索或藉助輔助工具，像是跳蛋或電動按摩棒。不過，保仁醫師建議大家，網路上如果有賣所謂的「G點自我偵測器」，千萬不要輕易相信，因為那都是騙人的，還不如好好了解自己的性伴侶，一起培養親密關係才是正解。

醫療上現在也有G點注射開發的療程，強調可以讓女性感受到前所未有的高潮。G點注射最早是以打玻尿酸的方式來讓局部凸起，男性陰莖進出摩擦時，就會增加刺激感，不過效果有限。最新的方法是玻尿酸加血清治療或細胞治療，以混合型的方式增加敏感度。不過保仁醫師衷心覺得，就算是機器弄好了，還是要有人啟動才行，想擁有更棒的性愛經驗，不如先培養親密關係還比較實在。

關於G點風潮

最近方興未艾，尤其在大陸內地興起一陣「性感營」的流行，請來性學治療師教導，還有小鮮肉、人魚線男模營造刺激感，與會女性嘉賓都戴著面具。

其實新鮮感與好奇是營造情趣的關鍵因素，美國有好萊塢名醫推出所謂「G-shot」就是G點注射的療程，後來更進化成「O-shot」就是促進orgasm（高潮）的注射，方法上以及內容物更申請了專利呢！

每個女人都會潮吹嗎？

有一次我跟男友一起看成人電影，劇中AV女優高潮時下面竟然射出液體來，而且量還大到濺濕床單。正當我覺得太誇張而哈哈大笑時，男友竟然一本正經地告訴我那是「潮吹」，還說這是有醫學根據的。看到我一臉不屑的樣子，男友馬上用手機Google，沒想到潮吹的資訊還滿多的。潮吹到底是男性幻想出來的情節，還是真的有這種事呢？如果是真的，是不是每個女人都會潮吹呢？

保仁醫師診療室

潮吹，被視為女性高潮的最高等級，也就是女性在高潮時噴出液體。由於潮吹一直被過度神化，因此大家也就對它充滿好奇，在美國甚至有人開潮吹訓練課程，讓夫妻雙方一起來學習。

在經過不斷研究後，醫學家也找出潮吹的原理，秘密就藏在於尿道旁二側的腺體，被稱為「Skene's gland（斯基恩氏腺）」，也有人稱之女性攝護腺。斯基恩氏腺體是有孔洞的，可以噴灑出液體，一般人正常的容量是十五到三十ＣＣ，不過也有人的量可以多到數倍，文獻上甚至曾出現到達一千ＣＣ左右。潮吹又稱為「女性射精」，當女性性愛到達某個愉悅點時，腺體會收縮，裡面的液體就會跑出來。不過到底是潮吹還是漏尿，也常讓人傻傻搞不清楚。二〇一二年國外曾出現一篇文獻，仔細比較過二者的不同，不過，實際上還真的很難分辨清楚。保仁醫師真心認為，不管是潮吹或因性愛而漏尿都無所謂，因為只要有愉悅的性生活都是好的。

健康小學堂

潮吹（Squirt）：指女性在性高潮過程中，從斯基恩氏腺排出液體來。

高潮（Orgasm）：指性愛時感覺愉悅的最高點，男、女雙方通常會有射精、臉紅、抽搐等生理表現。

生理期禁愛令

我最近交了一個新男朋友，我們兩人在各方面都很契合。雖然說出來有點害羞，非常難得的是，我們在愛愛這件事上真的很合拍。大致上來說，我對男友十分滿意，除了他的一個小癖好之外。我的男友真的很喜歡在我生理期時嘿咻，他說經期時女性的陰道充血，會讓小弟弟摩擦時更有感覺，因此兩人都會更有快感。一開始，我對在大姨媽來時做愛這件事很抗拒，除了感覺充滿血腥味之外，還要時時擔心弄髒床單，根本無法盡性啊！不過在男友軟硬兼施，並且一再地堅持下，我只好跟著配合。試過幾次之後，我覺得好像真的如他所說的一樣，比較容易達到高潮，加上還在安全期，不用擔心懷孕的問題，因此也就能更加放心地享受魚水之歡。但是，我還是想請教一下保仁醫師，大姨媽來時愛愛，真的不會有問題嗎？為什麼我總感覺愛愛會讓我的生理期提早結束呢？

保仁醫師診療室

大姨媽來時到底可不可以愛愛？保仁醫師的回答是：「沒什麼不可以的！」很多人以為女性在生理期時會性慾高漲，做愛的反應也會更好，其實這跟荷爾蒙的變化有關。性的慾望，主要是來自於男性荷爾蒙的影響，由於生理期時女性荷爾蒙會下降，男性荷爾蒙就會上升，因此性慾會感覺強烈一些。女性會覺得生理期想愛愛，主要還有一個原因，那就是認為不會懷孕，可以放心、大膽的愛愛。不過保仁醫師想提醒大家，通常生理期是安全期沒錯，但有些女性排卵期出血，誤以為是月經來了，所以愛愛時沒有任何防護措施，很有可能兩、三週後就收到中獎的訊息。至於生理期時愛愛，反應會比平常更好，應該是因為月經來潮時，身體一直處在充血的狀態，受到刺激的反應也會大一些。此外，經血也會讓陰道的潤滑度好一些，有些人也會因而感覺更愉悅。

不過，血液是細菌最好的培養皿，因此生理期愛愛，要特別小心感染的問題。性愛時一定不會少了磨蹭的動作，很容易把表皮或肛門口附近的細菌帶進陰道裡，再加上男性生殖器上的細菌、血液加上眾多細菌，陰道簡直就成了讓細菌滋生的大溫床，當然特別容易感染。

有些人在經期愛愛之後，會感覺月經提早結束了，這是因為精液的前列腺素會讓子宮強烈收縮，因此內射會讓經血排得比較乾淨，經期天數也跟著稍微縮短。

生理前期愛愛有人喜歡，有人反感；有些人討厭血腥味，見紅就沒性慾，或覺得經血太過濕黏。因此，究竟經期適不適合愛愛，最重要的是先跟另一半溝通好，若兩人都喜歡，也沒什麼不可以的。

我的「妹妹」健康嗎？

我常常感覺「妹妹」有點癢，尤其穿緊身牛仔褲時不舒服的感覺更加明顯，洗澡前換下內褲時，也會聞到一股臭臭的味道。除了癢、有異味之外，有時也會有些分泌物，但只要多喝水，幾天後好像症狀又沒那麼嚴重。我不知道自己的「妹妹」這樣有沒有問題？是否需要去看醫師呢？

保仁醫師診療室

女性私密處常見的問題，保仁醫師通常會用「一帶、二癢、三味道、四凸起、五破皮」的五種症狀表現來說明。

「一帶」：白帶

因為白帶來婦產科求診的病患，大都以發炎導致分泌物增加為主。分泌物有分生理性及病態性，生理性是正常的，病態性則代表異常，例如顏色接近黃綠色、看起來像化膿，味道出現魚腥味或壞掉的雞蛋味。正常的分泌物只有悶太久時會產生癢的感覺，一旦清乾淨了就不會，若因分泌物引發刺痛癢的感覺，就表示不正常。

「二癢」：搔癢

陰部搔癢的原因有很多，未必都是細菌感染造成的，有時候只是皮膚悶也會產生癢的感覺。最常見的是因陰道或外陰發炎而感覺搔癢，例如陰道黴菌感染的問題。褲子太貼身、太緊而造成悶、癢，也是很常見的情況，只要保持通風，症狀就會大幅改善。最麻煩的是慢性搔癢症，就是悶久了，造成表皮神經不正常的刺激，因此一天到晚都會感覺癢癢的。如果搔癢的情況一年超過三次以上，就算是頻繁發作，若一年只有一、兩次，就不用太過緊張。

「三味道」：異味

剛剛提到，有些分泌物會伴隨著異味，看診時，如果病患表示分泌物出現異常，醫師通常會先問顏色，再問結構，例如是水水的、塊狀或乳酪狀，接下來還會問有沒有味道，是魚腥味、酸酸的或雞蛋壞掉的味道。魚腥味通常是滴蟲感染後發酵的味道，而壞掉的雞蛋味則是胺基酸的味道，若是分泌物悶太久而產生極酸味，味道會有點像壞掉的優酪乳一樣。

「四凸起」：痘痘

私密處的小凸起物，大部分都是長痘痘，也就是毛囊炎的情況最多見。因為外陰部跟一般皮膚一樣有毛髮及毛囊，所以也可能會長痘痘。私密處的痘痘就像臉部的一樣，只要適度的清理，並且保持乾淨，必要時搭配一點簡單的抗生素藥膏塗抹即可。只要曾經求診，以後若再發生同樣的狀況，以同樣的方式處理即可，痘痘應該就會自己消失，因此不一定每次都要就醫。不過。如果是短期內越長越多，而且感覺疼痛不舒服超過二天以上者，建議最好還是讓醫師診斷一下較為保險。除了痘痘之外，巴氏腺囊腫及脂肪瘤也是常見的私密處凸起物。巴氏腺位於陰道開口的左右二側，由於位置比較裡面，如果開口被塞住就會鼓起來形成囊腫。巴氏腺主要的功用是分泌黏液，跟性生活及陰道黏膜分泌物有關，具有保持陰道健康的作用。脂肪瘤不會對健康造成影響，但如果越來越大顆時，就必須進行手術切除。

巴氏腺囊腫治療原則

1. 藥物治療：抗生素。
2. 引流：用針抽出膿液，簡單，但是很容易復發。

3. 造袋術：目前認為復發率較低的手術方式。

4. 全切除：傷害較大，容易出血，較少進行。

當然，巴氏腺囊腫也有轉成惡性的機會，雖然很低，但是還是不要忽視。

巴氏腺囊腫

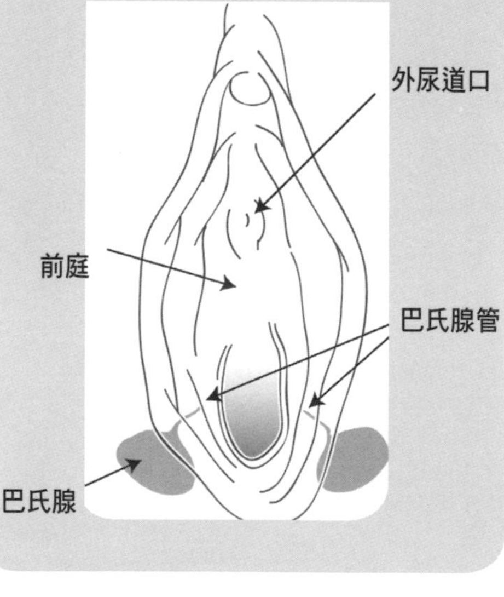

「五破皮」：異常凸起或潰瘍

門診上常遇到一些病患自己摸到一些小凸起，卻不敢來就醫，隔了一陣子之後，已經跑出一大堆才來看醫生。如果下面有莫名其妙的凸起物越來越多，甚至有形成破皮潰瘍的情況，很有可能是性病的問題，例如菜花或者皰疹等，最好及早就醫。

健康小學堂

性病有哪些？

性病，顧名思義指的是在性接觸中受到病原體感染所引發的疾病，也就是傳染途徑以性行為為主。目前常見性病的種類有以下幾種，大都有快速的篩檢方式，治療後也都能大幅改善。

	病原	性病
病毒類	人類免疫缺陷病毒 (human immunodeficiency virus，HIV)	愛滋病 (Acquired Immune Deficiency Syndrome，AIDS)
	人類乳突病毒 (human papilloma virus，HPV)	尖銳濕疣 (condylomata acuminate)，也就是俗稱的菜花
	單純皰疹病毒 (herpes simplex virus，HSV)	生殖器皰疹 (Genital Herpes)
	A－E型肝炎病毒 (HAV-HEV)	病毒型肝炎 (Viral Hepatitis)
細菌類	梅毒螺旋體 (Treponema pallidum)	梅毒 (Syphilis)
	砂眼衣原體 (Chlamydia trachomatis)	衣原體 (Chlamydia)
	淋病雙球菌 (Neisseria gonorrhoeae)	淋病 (Gonorrhea)
	杜克雷嗜血桿菌 (Haemophilus ducreyi)	軟性下疳 (Chancroid)
真菌類	白色念珠菌 (Candida albicans)	念珠菌性陰道炎 (vaginal candidiasis)、念珠菌性尿道炎 (Candidal urethritis)
寄生蟲類	滴蟲 (Trichomonas vaginalis)	陰道滴蟲 (Trichomoniasis)

激情擋不住，緊急避孕行不行？

男友愛愛時真的很不喜歡戴保險套，每次都說用「體外射精」的方式就不易懷孕。當然，我知道這是他不想戴套的藉口，所以通常還是堅持要他全程使用。但是，有時真的拗不過他，加上算一算應該是安全期，所以就答應了。前陣子愛愛時他又不願意戴套，因為他不斷的挑逗，我一時被慾望沖昏了頭，在完全沒有安全防護的情況下就做了，事後真的很後悔。我想請問醫師，萬一完全沒避孕就做了，事後有沒有補救的方法呢？因為我們還很年輕，真的還不想鬧出人命來呀！

保仁醫師診療室

戀愛中的男女，常會有一時天雷勾動地火，但又來不及準備保險套的時候。當被性慾沖昏頭時，往往想不到後果的嚴重性，萬一真的發生了沒有做好防護措施就愛了的情況，又不想鬧出人命來，保仁醫師建議最好趕快採取以下緊急的救援方案。

1. 事後避孕丸：案發後四十八至七十二小時內適宜。

事後避孕丸是利用高劑量的黃體素來抑制或延遲排卵，以達到干擾受精卵著床的目的。事後避孕丸的成功率會隨著時間遞減，愛愛後二十四小時內服用，避孕效果約百分之九十五，二十四至四十八小時約百分之八十五，四十八至七十二小時就只剩百分之五十八了。保仁醫師要提醒大家，事後避孕丸是拿來應急的，千萬不要當成經常性的避孕方式，否則除了出油、冒痘之外，還可能因卵巢正常運作受到干擾而出現亂經的情況。目前市面上的事後避孕丸有后定諾（Postinor）、后安錠（Norlevo），費用約在三百元左右。不過，在台灣事後避孕丸還是需經醫師處方才能使用，無法自行至藥局購買。

近期有新推出的藥物可以在案發後一百二十小時（五天）仍能夠達到緊急避孕的效果，但是身為婦產科醫師還是建議，主動避孕加上雙重防護、安全性行為才是上策。

2. 子宮內避孕器：如果是已經經過了三到五天，理論上胚胎應該已經著床了，此時建議置入子宮內避孕器來干擾著床。

3. RU486：如果是愛愛後五天至月經過期滿兩週以上（也就是超過七週），恐怕就要借助 RU486 才有用了。

4. 人工流產手術：萬一真的懷孕了，而且又已經超過七週以上，此時應該就需進行人工流產手術了。

健康小學堂

雙重防護

不是保險套戴兩層，或是避孕藥吃兩顆喔，而是男女雙方都採取主動避孕方式；即女生服用口服避孕藥，男生使用保險套。由於保險套可能因為使用過程或保存條件不一，意外懷孕率為百分之十五，無法完全防護，若搭配口服避孕藥，可將避孕效果提高到百分之九十九，這會比事後服用事後避孕藥（七十二小時內服用約百分之七十避孕效果）有效許多。

如何保養及清潔私密處？

我們常在電視上看到私密處清潔保養用品的廣告，有時候去逛藥妝品店，也會看到一堆私密處專用的沐浴品。這些產品有的強調能抑制壞菌、消除異味，也有宣稱能讓妹妹更水嫩的說法。平時我洗澡時都會用清水沖洗一下「妹妹」，這樣的清潔方式夠嗎？如果「妹妹」並沒什麼問題，還需要特別使用這類產品嗎？

保仁醫師診療室

現代女性真的很注意外表給人的觀感，不管在臉部及身體的保養上都費了不少心思。「妹妹」就如同女性的另一張臉，當然也是要注重清潔及保養才行。外陰是角質化的皮膚，ＰＨ值為約五左右，跟皮膚一樣屬於弱酸性的。不過，跟一般皮膚不同的是，外陰的毛囊屬於頂漿腺或俗稱大汗腺，會分泌費洛蒙或跟性腺有關的味道，如果沒有適當清洗就會產生異味。

私密處的照護用品現在也是兵家必爭之地，幾乎每個品牌都請來名人代言，讓人誤以為只要使用了之後，私密處就會跟這些名人長得一樣。不過保仁醫師看了那麼多患者，每個人私密處的長相都不一樣。以前的觀念認為「妹妹」只要清洗乾淨即可，但現在私密處的清潔及照護已經分為五個層級：

1. 洗乾淨即可。
2. 不能破壞原來結構及ＰＨ值，因此要使用弱酸性產品。
3. 要有抑菌效果，而且標榜使用天然抑菌劑。
4. 具有保濕作用，保濕並不是增加水分，而是讓「妹妹」感覺更Ｑ彈，就跟保養臉部肌膚的道理一樣。
5. 最新的功效則是加入美白成分，讓「妹妹」更白嫩。

以上是針對外陰的部分，但如果是陰道沖洗劑，保仁醫師是不鼓勵的，原因是會破壞陰道內先天的環境。不過聽到這句話，有些人會跳出來打臉：「保仁醫師，你們婦產科不是有陰道灌洗這個項目嗎？不是可以沖洗嗎？」這點真的有必要好好跟大家解釋一下。陰道沖洗通常是感染、發炎時才會使用，而且只以稀釋的優碘、生理食鹽水等，把病患的分泌物暫時清理乾淨，如果不是很有把握的話，醫師通常不會建議這麼做。此外，因為病患也不會天天來婦產科看病，醫師更不可能三不五時就幫她們沖洗陰道，所以奉勸所有的女性們，千萬不要把自我陰道沖洗當成日常自我保養的一部分。

如何使用陰道塞劑？

我第一次去看婦產科是因為尿道炎，因為以前常要到國外出差，所以經常要搭長途飛機。雖然飛機上很乾燥，但我都不敢喝水，因為擔心一補充水分就要一直跑廁所，就一直憋著。我這種不喝水、不上廁所的情況，常常導致尿道炎，為了預防一直感染或發炎，我都會洗完澡就先放一顆陰道塞劑做為預防，這樣才比較安心一點。我想請教一下保仁醫師，這樣使用陰道塞劑的方式正確嗎？這些塞劑是否能在不方便上廁所時，例如旅行中當成備用品來抑制尿道炎？

保仁醫師診療室

一般治療女性常見的私密處感染病（如：念珠菌感染），通常會開立口服藥或陰道塞劑。陰道塞劑的作用是抑制陰道發炎，具有消炎殺菌的功效。因為藥片會自行溶解，隔天才會有液狀物體流出，所以通常建議在睡前使用。病症輕微者使用三到五天即可，嚴重者須治療兩週。在治療的期間，要避免性行為，即便非不得已，也要使用保險套。

那如何使用呢？

記得先將手指甲剪短，用肥皂洗淨雙手，採取半蹲或仰臥，兩腿彎曲的姿勢，再將陰道塞劑取出，以中指或食指將藥片推進陰道內，約一根手指深即可。若陰道裡太過乾澀，可使用些許的潤滑劑來輔助。

當然，為了避免感染，女性應維持良好的衛生習慣，少用陰道沖洗劑，規律的生活習慣，因女性在月經前後、壓力大、焦慮或失眠都會影響免疫力，增加感染風險。

Part 3

輕熟女享受身體愉悅

陰道會越用越鬆？

如果說男人最在意的是自己那話兒的尺寸，那麼我們女人最在意的應該就是「妹妹」的鬆緊度了。從初戀到現在，我差不多交過四、五個男朋友，性愛生活一直都沒有中斷過。以前我從不曾擔心過下面鬆不鬆的問題，跟過往男友炒飯感覺也都滿愉快的。不過，最近我發現男友好像不再像以前那麼投入，我懷疑是不是因為自己下面變鬆了，所以無法滿足他，每次愛愛時都有點心虛。

我想請教保仁醫師，性經驗太多是不是會把陰道撐大呢？要怎麼做，才能找回性福的感覺？

保仁醫師診療室

很多人一定常聽見這樣的江湖傳說：「女性性經驗太多，或過度使用會把陰道撐鬆」，針對這點，保仁醫師要來導正一下視聽，告訴大家正確的觀念。常做愛做的事，並不會讓陰道變鬆弛。事實上，女性的陰道是非常具有彈性的。想想看，身上哪個地方具有被撐大十倍的功力？只有陰道能做到而已。如果從尺寸及時間來分析，男性小弟弟的尺寸再怎麼大，一定比不上嬰兒的頭部，而性愛時間再怎麼久，也絕對比不上生產時間，生一個小孩再怎麼順利的話，總需要三、五個小時吧。因此愛愛對陰道的影響，絕對比不上生小孩來得大。

陰道會鬆弛通常跟有無陰道生產、年紀（更年期及荷爾蒙），以及身體的組織彈性有關。一般而言，沒有運動習慣的人一定會比較鬆一些，而急速變瘦也是導致陰道變得比較鬆弛的原因。因此，千萬別再說女性常愛愛會把陰道撐大，或再幫女性貼上不實的標籤；相反地，男性們更應該對曾生產過的另一半好一些才是。

如何保持陰道緊實？

我跟先生以前愛愛時很有感覺。不過近來我發現他想要的次數變少了，我擔心是不是因為自己年紀越來越大，陰道開始鬆弛，有沒有什麼方式可以保持陰道的彈性？

保仁醫師診療室

一般而言，華人的陰道肌肉組織緻密度比較高，這也是為什麼我們自然生產比較需要剪會陰，或是產道裂傷；白人的組織延展性的確比較好，所以可以不需要剪會陰，而且恢復迅速，但是代價就是組織容易鬆弛，還記得保仁醫師多年前進修骨盆懸吊治療時，很訝異接受手術的病患許多都是不到40歲女性呢。

當然，陰道的鬆緊度確實會影響「性福」的滿意度，如果真的感覺受影響，不妨跟另一半討論，嘗試以現代醫療技術來改善陰道鬆弛的情況。

近年來女性朋友骨盆鬆弛導致脫垂，尿失禁等症狀，除了傳統認為因為陰道生產，或是老化因素外，不正常的過度減肥，以及飲食精緻、糖分過度，恐怕是令人擔心的重要因素。

過度減重，會使得蛋白質以及膠原蛋白迅速流失，這些是支持彈性的重要成分。精緻糖分加上不當的烹調方式（油炸，燒烤）會讓糖化終端產物（AGES）大幅增加，會讓血液，肌膚，骨骼甚至各個器官中的彈性蛋白質變性，所以產生代謝異常、肌膚的皺紋以及黃臉婆效應，甚至連骨質疏鬆也逃不掉呢！

老公對我沒性趣怎麼辦？

我跟老公結婚之後，愛愛的次數變得越來越少，最近甚至久久才開機一次。我不知道老公為何對我越來越沒性趣，難道是外面有小三了嗎？我聽過很多男性朋友在外面一條龍，不管是逢場作戲或找小三、小四都沒問題，但回家面對老婆卻完全不行。有的人為了應付老婆的需求，還買威而鋼來吃。我想請教醫師，怎樣才能留住另一半的心？是不是在床上也要學會變花樣，這樣老公在外面就會覺得索然無味，才會乖乖留在家裡呢？

保仁醫師診療室

結婚多年（或是相處多年），彼此間的新鮮感逐漸消失，炒飯也不再像初識時那麼火熱，甚至根本提不起性致。老夫老妻們炒飯時會遇到的問題到底有哪些呢？國外多個知名性學研究中心提出以下六個常見的問題。當然，只提問題不是一個臨床醫師的風格，以下一併提出建議的解決方案。

1. 老對象、老面孔、老地方、老招式

人跟人之間相處久了，熟悉的感覺真的會讓激情變少，很多事情都會變成例行公事，所以炒飯才會又被稱為「辦事」。然而熟悉腦神經科學或是性荷爾蒙的朋友就會知道，這會讓多巴胺（Dopamine）下降。根據統計，性愛的保值期只有十八個月，道理就是這麼來的。

處方：改變

當然老朋友或老夫老妻是不能隨便更換的，如同主菜不換，但是前菜、醬料、甜點、擺盤及裝潢等是可以換一換的，為了怕大家不夠了解，以下處方請參酌服用。

A. 換個地方：餐廳（如果夠大的話，廚房也可以，但要清理乾淨喔）、客廳、浴室、花園、前院……各種情境風的摩鐵也是選項。

B. 換個時間：老是晚上，忙完了，也累壞了……所以換個時間才會有偷情的fu。

C. 換個姿勢：嗯，這點不用我說明。但是提醒大家，在換姿勢前要跟另一半告知一下引用來源，不論是網路或是A級教學片，甚至秀出本篇文章，相信我，這會是你的保命符。門診及日常生活告訴我，突然有新招出來一定會被起疑的，小心一番用心變成劈腿證據。

2. 太忙、太累

有家庭甚至有小孩就知道，忙了一整天，把所有雜事及小孩都搞定之後，才可能有時間，但是也累癱了。

處方：來個浪漫片刻！

其實就是重新安排順位，把工作、家事及一堆狗屁倒灶的垃圾事排開，將優先順序留給另一半。簡單說，要以「約會」的態度跟心情來辦理。對於還在狡辯沒時間、沒機會的朋友們，獻上網路上的順口溜：「時間，就像事業線一樣，擠一擠就有了；機會，就像寶貝一樣，緊緊握著，就變大了。」懂了嗎？快去安排時間吧。

3. 陌生的熟悉人

除了相處時間可能變少，最重要的是相處品質變差了。枕邊人似乎變成距離最近的陌生人。如同剛剛說的，性愛是有保質期的，因此要懂得 Refresh。

處方：重新約會

並不是回到例行公事一般的「晚餐、電影、上床辦事」，請試著列入行事曆，以一個旅遊或有品味的約會來重新讓彼此熟悉，也許是打個球、騎個車或喝個咖啡，總之重新建立彼此的「鍵結」，就是化學分子的 Bond。要理解現在流行的分子廚藝也是利用同一種食材改變鍵結，就創造出另一套美食了。

4. 你不喜歡自己的身體了？

扣除掉少數對自己太嚴苛的吹毛求疵一族來說，年齡漸增、缺乏運動、女性同胞經歷過生育以及家事的折磨之後，身材難免走樣，很難再與年輕弟弟、妹妹的青春肉體對抗了。

處方：

A. 愛自己：找出自己的優點，少看自己的缺點，才能提高自尊。當然，這不是要你自暴自棄，或是掩耳盜鈴，忽略自己的缺點，而是盡量找出誘因驅使自己更健康。如果沒有辦法，那就學會欣賞自己。

B. 欣賞伴侶的性感處：炒飯是一種享受，讓對方的性感引發你的慾望，解放你的態度。其實有時候享受炒飯不一定在意好不好吃，而是那個用餐的氛圍，互動很重要啦！

5. 不舒服

有時候是心理上的排斥，更多時候可能是身體真的不舒服和疼痛，尤其在更年期婦女因為雌激素大幅減少，生殖道的皮膚變薄而且分泌物變少，就像炒飯時，沒有油會沾鍋一樣。

處方：

A. 不要咬牙苦撐：告訴你的伴侶，多數相處久且愛護你的伴侶會體諒，並且一起解決問題。

B. 找醫療單位協助：有時候可能是某些疾病導致，例如子宮內膜異位症，或是腫瘤壓迫等，都是可以解決的。至於心理方面，國外有所謂性治療師，國內這方面人才也開始慢慢增加，只是大家就醫的管道及習慣尚未建立。但是，保仁醫師相信隨著需求提升及社會氛圍漸漸營造，很快地，大家就會往這方面去尋求協助了。

6. 沒心情

如果你前五項的解藥都服用了，還是沒心情，那可能是性慾真的有些低下了。性慾在男女多數可能跟心理疾病（憂鬱症、焦慮症）或荷爾蒙不平衡有關；而部分男性性功能障礙是屬於器官性的勃起困難，這與糖尿病或是心臟疾病有關。不幸的是，一些抗焦慮及降血壓用藥會降低性慾。唉！做人真難。

處方：

A. 改變壞習慣：抽菸以及過量酒精都會影響炒飯的反應，所以請戒菸跟勿過量飲酒。

B.注意過度運動：對於現在最熱門的騎單車，恐怕要建議熱中的車友們注意一下，因為壓迫了會陰神經，也會引發炒飯疼痛及性慾低下。

C.找醫師：先排除疾病以及可能是否藥物引起的副作用，如果有需要，請不要排斥使用一些藥物協助。

保仁醫師的建議是，炒飯最好吃的是用**「隔夜冷飯」**，才能粒粒分明以及吸收香味。炒飯是一種**「互動的藝術」**：食材固然重要，但是準備的過程、是否用心的參與、有無加入愛的調味料，更重要的是，一道好吃的炒飯是兩個人一起炒，不是單方面付出或是享受。夫妻或是家庭生活**「需要不斷調適」**，相信我，沒有什麼神奇藥丸可以讓清水變美酒，但如同中年男人必看的星爺經典片《食神》中的台詞：「根本就沒有什麼食神，或者說，人人都是食神」。只要用心，人人都是食神，相信各位愛侶一定可以創造出一道道驚天地泣鬼神的美味炒飯！

健康小學堂

如何提升多巴胺

以往談到跟性相關的荷爾蒙，大家都只想到男性荷爾蒙（睪固酮）、女性荷爾蒙（雌激素）等。近年來情感荷爾蒙的研究越來越確認，跟性有關的荷爾蒙有多巴胺、血清素、睪固酮及催產素等，這四種荷爾蒙男女體內都有，但男性由多巴胺主導，女性的情趣跟血清素比較有關。

多巴胺（Dopamine）	讓人思慮清晰、精神充沛、動力十足
血清素（Serotonin）	讓人愉快、滿足、樂觀
睪固酮（Testosterone）	慾望的荷爾蒙 男人為服務他人而行動、貢獻心力時會大量產生
催產素（Oxytocin）	愛的荷爾蒙 女人因為「愛」而給予擁抱與按摩時會大量產生

說明：

多巴胺：

食物：富含酪氨酸的食物，例如杏仁、酪梨、香蕉、低脂奶製品，芝麻籽和南瓜籽，其他的食物，如豆類（豆腐等）、魚類、奶製品和禽畜肉都能增添酪氨酸，但是要注意熱量。

行為：運動、充足睡眠，設定目標並達到目標（小目標也可以，不好的做法就會去挑戰超越自己的能力，例如賭博，甚至吸毒、犯罪了）。

法寶：莫名其妙的鼓勵與崇拜，老婆們學會了嗎？

血清素：

食物：富含色氨酸的食物，包含乳製品、香蕉、堅果、家禽肉、巧克力、Omega-3 脂肪酸等。（提醒大家一次大量補充，反而會造成血清素下降，小心過猶不及都不好。

行為：不熬夜、曬太陽。

法寶：跟親愛的人，在陽光下享受一頓富含碳水化合物以及蛋白質的豐盛早餐。

當多巴胺不足時會出現精神不振、興趣與熱情消退、逃避的衝動、容易分神與不耐、健忘、目光狹隘、無聊感與上癮、需要空間與距離等情況。想要提升多巴胺，給予刺激是最好的方式。這就是為什麼車子開得好好的，偏要跑去飆車？就算再忙，刺激的球賽還是場場都要看；身邊有溫香暖玉的太太不抱，偏要看電腦上的色情網站；已經賺到足夠的錢，卻還想賺更多錢。多巴胺需要冒險、挑戰與競爭，而這些都是刺激的方式。

想要提升男人的多巴胺，最簡單的是對於他們小小的成就都要給予正面的回應。以保仁醫師自己為例，我很討厭做家事，有一次被迫去倒垃圾，心不甘情不願地回來後，陳太太馬上利用聽演講時學到的知識，很用心地稱讚一番：「老公，你真的好會倒垃圾喔！你看，垃圾要分類那麼難，你都可以做得那麼好！」在太太的讚美聲中，保仁醫師真的覺得會倒垃圾很重要，因此連續倒了一個月的垃圾。

如何幫「妹妹」口愛？

我聽說男人都很喜歡女人幫他口愛，為了提高老公在床上的性致，有時候我也會「動口」幫他服務一下。愛愛這種事是互相的，有來有往，老公有時也會反過來幫我口愛。雖然偶爾換一下口味感覺還滿不錯的，但如果他太粗魯或動作不夠溫柔時，我就會感到很不舒服，甚至有點疼痛。看到老公那麼努力的樣子，我也不好意思潑他冷水，我該怎麼讓他了解如何口愛才對呢？

保仁醫師診療室

根據調查，九成女性喜歡被「口愛」，因為口愛高潮的感覺很不一樣，甚至有女生說會神魂顛倒。因此，現在不少男士也會主動幫另一半服務。不過，口愛也是要有技巧，錯誤的方式不但無法讓對方感覺銷魂升天，可能還會得到反效果。由於女性外陰部對於「震動」式的刺激感受會比較強烈，因此以按摩或撫弄的方式較為適當，如果太過用力壓或咬都會感到不舒服。保仁醫師建議想要有好的口愛經驗，應該要注意以下重點：

1. 氛圍：跟所有性愛一樣，在愉快的環境及姿勢之下，才能讓自己身心靈感覺舒服。

2. 善用舌頭：但是小心牙齒。舌頭具有濕潤感，溫度也夠，軟潤的感覺很適合口愛；反之，牙齒太堅硬了，不適合女性脆弱的外陰器官。

3. 聽覺很重要：性愛是互動遊戲，需要彼此相互回應。男性要注意女性的呼吸、呻吟及身體反應，再決定下一步要怎麼做；同樣地，男性服務對了，女性也要有所反應來回應他。

4. 善用工具：包括手及性愛道具都可以使用。研究顯示女性口愛二十分鐘才會達到很好的高潮，當然男性舌頭不可能震動這麼久，因此適時運用輔具是必要的。

5. 逐步加溫：性愛無法一步升天，就像做菜一樣需要時間烹調才行，不能操之過急，如此才能完成一道美味的料理。

6. 衛生：口愛跟男女雙方的衛生都有關係，女生應適度清潔陰部，男生則是注意口腔衛生。此外，目前也有所謂的「口交膜」，可以放在女性外陰的地方再進行口愛，除了舔的時候不會有味道，也可以避免不小心咬傷而造成細菌感染。如果不想刻意購買口交膜，也可以利用保險套對半剪開，但上面可能會有些潤滑劑的味道。

用手指或情趣用品，陰道是否會受傷？

我跟男友都很重視情趣，尤其是情人節等重要節日時，更會花心思營造浪漫的氣氛。為了避免一成不變的炒飯公式，有時候我們會使用按摩棒或跳蛋等情趣用品，這樣才能激起更多的新鮮感，也真的帶來了不一樣的高潮。不過前幾天我們愛愛後，我發現私密處流血了，可能是因為使用這些情趣用品或成人玩具太過激烈摩擦陰道所以才破皮。

除了情趣用品之外，男友也會用手指撫弄我的陰道，雖然他的動作都很溫柔，但有時候還是會流血。這些情況真的讓我很困擾，我很想知道用手指或情趣用品深入陰道，會不會有安全上的疑慮呢？

保仁醫師診療室

陰道的彈性是非常好的，因此不容易受傷，除非指甲沒有修剪好，或輔具太過尖銳才有受傷的可能性。此外，太過激情也會讓陰道裂傷，不過受傷的部位通常不在陰道本身，而是在陰道後面的穹窿，因為那裡是比較薄、比較脆弱的地方，若太深入或太激情去頂撞就可能受傷。如果是小破皮的話，可能等幾天會自己復原，但若有伴隨流血的現象，就要特別注意。由於病患自己看不到陰道內的狀況，無法得知受傷的程度，因此若有鮮血直流或是每次性生活都反覆出血的情況，就要趕快找醫師診斷才比較安心。

其實，臨床上因為晚婚，或是宅效應影響，女性使用性道具（sex toy）的現象真的越來越常見，門診也會被詢問這個問題，如果是生殖年齡婦女，陰道黏膜的厚度夠以及分泌潤滑度足夠，其實不用擔心受傷。

陰道黏膜厚度差異圖

	新生兒	滿月至經前	初經少女	成年女子	懷孕婦女	停經女性
雌激素	++	−	+	++	+++	−
陰道上皮細胞	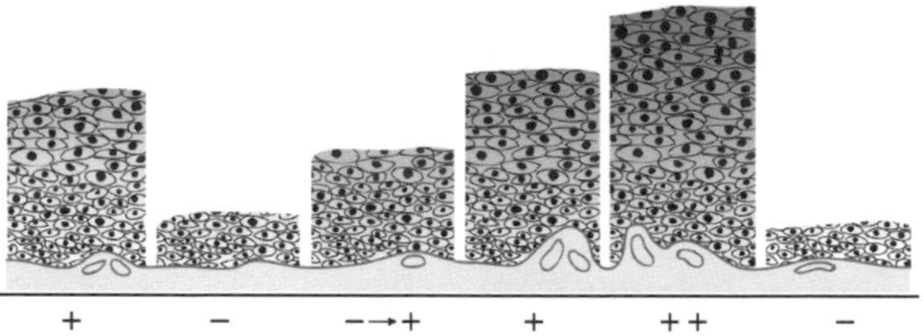					
肝醣	+	−	−→+	+	++	−
ph值	4→5	7	7→5	4→5	3.5→4.5	6→7
乳酸桿菌菌叢	無	稀少	少	正常	正常	稀少

資料來源：da Pescetto, De Cecco e Pecorari1979,mod.

陰道濕潤，比較渴望性愛嗎？

每次男友撫摸我的敏感帶時，我都會覺得性慾被挑起，下面也會變得越來越濕潤。男友說在他交往過的女友中，我是性慾最強的一個，我問他為什麼，他說因為我的陰道最濕，所以最渴望性愛，有時候他也會開玩笑地說我很淫蕩。雖然我覺得女生性慾強不是什麼壞事，但還是很想知道，陰道濕潤的程度，真的跟性慾有關嗎？

保仁醫師診療室

回答這個問題之前，保仁醫師想請大家先了解陰道分泌物的來源有哪些。通常分泌物是來自於陰道黏膜及子宮頸，某些時候如陰道外口的巴氏腺，以及剛剛提到的斯基恩氏腺（Skene's gland）也會有液體產生。陰道黏膜原本就有分泌物，當受到刺激時，分泌物就會增加，功用是成為性愛時的潤滑液。不過，分泌物的多寡跟「渴望性愛」或「淫蕩」等並沒有絕對關係，男性們不要以為女性分泌物多，就是對你感覺比較強烈，有些女性看到心儀男生，陰道還是乾的。

小鮮肉有益健康？

前幾天聚會時，有個姊妹帶了一個年輕男伴來參加，不但顏值高，身材也非常精實。趁這位小弟弟去廁所時，大家忍不住逼問她：「吃小鮮肉的滋味如何？」沒想到她露出燦爛的笑容：「小鮮肉體力比大叔好多了，跟他們嘿咻有益身心健康！」小鮮肉賞心悅目是一定的，但對身心健康真的有實質的幫助嗎？

保仁醫師診療室

現在女性保養得宜，姊弟戀的情況也非常普遍，女方大男友（或先生）十多歲的情況也時有所聞。熟女與弟弟的組合，最讓一般人津津樂道的就是：「小鮮肉有益健康」。站在男女平等的立場，保仁醫師也要呼籲一下，如果認為女性吃小鮮肉對健康比較有益處，那麼是不是也該支持一下男性「吃幼齒補眼睛」？

言歸正傳，大自然生理學其實很奧妙，女性在性的成熟度上比男性遲一些，因此「三十如狼、四十如虎」其實有一定的道理在。以往的婚姻制度都是男女年紀旗鼓相當，或是男性稍微年長一些，等到女性三、四十歲之後，男方的體力可能已經開始走下坡，對於太太的要求也開始覺得力不從心了。因此如狼似虎的熟女們，跟年輕力壯的小男友在床上或許會比較合拍一些。不過，保仁醫師要幫所有的大叔們再度強調一下，就像前面提到的，只要是好的親密關係對健康就有幫助，即使只是一個擁抱都有用，未必一定要小鮮肉才行。

不過提醒大家一下，好的性生活的確可以對健康帶來好處，除了生理外，其實心理上的放鬆與自信心才是關鍵呢！

如何避免蜜月膀胱炎找上門？

我是個剛新婚的人妻，所謂「春宵一刻值千金」，蜜月期間我跟老公兩人幾乎從早到晚都關在房裡嘿咻。不過，原本該是愜意的新婚時光，幾天後就變了調，因為我開始感覺尿尿時有灼熱感，而且出現頻尿、尿急等情況。原本浪漫、激情的蜜月之旅，不得不畫下休止符，我老公也因此覺得很掃興。雖然現在我的情況比較好轉了，但還是非常擔心，會不會一嘿咻就又再度復發呢？

保仁醫師診療室

愛愛時，男性的陰莖會將細菌帶入陰道，而陰道口跟尿道口相距不到一公分，尿道口跟膀胱又僅距離二到三公分而已，因此細菌很容易串錯門子，跑到尿道及膀胱去，造成陰道及泌尿道一起發炎的情況。當女性尿尿時出現有灼熱感、頻尿、血尿、異味及發燒等情況，就要小心膀胱炎已經找上門了。

泌尿道感染通常不需內診，醫師在問過患者症狀後，可能會做尿液培養，進一步知道是否有細菌感染的問題。不過，若膀胱炎症狀變嚴重時，可能會讓左鄰右舍受到波及，疼痛的範圍可能超過膀胱，甚至危及到旁邊的子宮及卵巢，此時就需進一步內診。

想預防蜜月膀胱炎可以從以下幾點下手：

1. 適度清潔陰部。
2. 愛愛前先上廁所，排空尿液，減少細菌數量。
3. 愛愛後上廁所，排空尿液，減少細菌滯留的機會。

至於動不動就膀胱發炎的人，醫師可能會開預防性抗生素，避免症狀反覆發作。最後，保仁醫師還要告訴大家預防尿道感染的五大秘訣，對於預防擾人的膀胱炎應該會有所幫助。

1. **食**：不要吃太辛辣、太鹹的食物，多喝水，少碰酒精及咖啡。
2. **衣**：不要穿太緊及不透氣的衣著。
3. **住**：注重衛生習慣，尿尿後由前往後擦。
4. **行**：運動時避免穿著悶熱的緊身衣物，運動後多喝水、多上廁所。
5. **育樂**：親密行為前、後適當保養（喝水及適時排尿）。

為何我會得「愛愛病」？

前一陣子我的白帶突然變得好多，而且是黃色或綠色的膿液，更可怕的是，小便時常伴隨灼熱、刺痛感。雖然我平時就有分泌物，有時褲子穿得太緊，也會造成陰道發炎感染，但這次的情況真的很不一樣，因為覺得怪怪的，所以就到醫院去檢查了一下。沒想到檢查結果卻讓我大為震驚，聽到醫師說我得了性病時，感覺就像五雷轟頂一般。我的性伴侶只有男友一人，直覺告訴我，一定是他在外面亂搞，否則我怎麼可能被傳染這種不名譽的病呢？離開醫院之後，我馬上飛奔回家去找男友算帳，但他聽了後卻表現出一臉無辜。他不斷地為自己辯解，說是泡溫泉時不小心被傳染了。究竟他說的是不是真的？性病真的有可能因泡溫泉而感染嗎？

保仁醫師診療室

每次有女性病患一聽到自己得了愛愛病，都會說：「我這麼潔身自愛，一定是他傳給我的！」然後氣急敗壞地回去質問男友或老公，他們總是對天發誓說沒有在外面捻花惹草。如果另一半沒有在外面亂搞，那麼愛愛病究竟是怎麼來的呢？身為一位專業又有醫德的醫師，我不得不說實話，基本上愛愛病，大約百分之九十九點九九都是透過性愛傳染的。很多人被醫師宣告得了愛愛病之後，可能會告訴伴侶：「我是泡溫泉（或上廁所）時被傳染」，讓對方聽了半信半疑。其實多數愛愛病的感染菌必須存活在體內才行，離開活體頂多三到五分鐘就會死掉，只有少數如滴蟲是有可能體外傳染的。泡溫泉時用到別人的毛巾，或坐馬桶時被傳染也不是不可能，但除了跟上一個人使用時間相差只有幾分鐘之外，身體有傷口，也可能提高中獎機率，但這可能性真的微乎其微，比中頭獎的機率還小。

愛他（她）就要大方說出來

愛愛病的好發族群為十五到四十歲，而且發生率逐年攀升。由於男生的性器官外露，當尿尿疼痛或外面長東西時，很容易就會發現；而女生大部分屬於內生殖器官，因為都藏在裡面，即使出現異狀也不一定能馬上察覺，除非出現疼痛感，或外陰已經長出東西，才會被注意到。不過，女性即使發現不對勁，也不一定會馬上看醫生，相對之下，男性的就診率則比較高一些。

除了就醫之外，知道自己有愛愛病時，第一件事就是應趕快跟性伴侶溝通。不過根據統計，發現自己得了愛愛病時，約百分之八十七的國人沒有告訴另一半，這原因並不是不願意說出，而是「說不出口」。當然，擔心對方的負面反應或怕被懷疑，也是不願說出的重要因素。

愛愛病在治療上有其麻煩的地方，醫學上稱為「乒乓效應」。也就是如果雙方沒有同步接受治療，就會不斷相互傳染，並且一再反覆發作。保仁醫師衷心建議大家，如果發現自己有愛愛病時，當務之急是趕快告訴性伴侶，並且一起接受治療。愛在心裡口難開是不行的，

保仁醫師小叮嚀

目前疾管署也推動友善性病門診與醫師名單，主要是因為一般民眾對於性病常有難以啟齒或忌諱就醫的現象，加上國內許多醫療院所的醫療環境並不符合性病患者的需要，因此，民眾仍不習慣至醫療院所就醫，反而經常自行到藥局購買成藥，或完全不治療，這可能導致病情日漸嚴重，甚至會傳染給性伴侶或配偶；而未經治療之病患，亦成為感染愛滋病毒之高危險群，不容忽視。

資料來源：http://www.cdc.gov.tw/info.aspx ? treeid=45da8e73a81d495d&nowtreeid=1bd193ed6dabaee6&tid=C895AABEF530A6FE

此時，不妨利用幾個溝通小技巧，例如請對方陪自己到醫院看病，讓醫師來開口，也許比較容易一些。

另外，目前性病治療恐怕是治療效果最好以及最明確的一類疾病，只要接受完整治療，幾乎都可以治癒。即使是愛滋病，只要接受好的持續治療，也可以維持數十年的健康身體，平均壽命並不亞於一般民眾呢。

Part 4

熟女們的回春願望

不能說的秘密：漏尿

我是一位四十多歲的職業婦女，從外人的眼中看來，我的生活非常美滿，不但有一對可愛、貼心的兒女，還有一位愛我的先生；更難得的是，我算是職場上的女強人，家庭及事業都兼顧得不錯。不過，在我的內心深處其實藏著一個陰影，這個秘密我不曾跟任何人提起過，甚至包括自己的老公，原因是實在太難以啟齒了！

每天早晨，我都一如往常般早起，雖然窗外的陽光燦爛，但我的心情卻無法感到輕鬆，因為接下來將面臨一大考驗。這幾年我真的很害怕刷牙，因為當所有牙齒都潔淨之後，我會用牙刷刮舌苔，此時，令我最難堪的時刻就會隨之到來……因為刷舌苔時，我總是會不自覺地乾嘔，連帶腹部也跟著用力，接著就會有一、二滴尿滴在內褲上。連刮舌苔這種小動作，都會讓我有漏尿的感覺，更別說是咳嗽、打噴嚏或放聲大笑等，在這些讓腹部使力的狀況下，突如其來的漏尿情形會有多嚴重！

以前漏尿還沒這麼嚴重時，我一天得更換好幾次內褲，隨著年紀增長，情況變得越來越糟後，只好開始使用漏尿專用的紙尿布。由於有漏尿的難言之隱，我平時根本不敢提重物，當然也無法再做運動了。漏尿讓我自信心全然喪失，因為害怕被別人聞到身上的尿騷味，也擔心一旦被發現會被嘲笑，生活及社交活動也跟著大受影響。請問保仁醫師，有沒有什麼方法可以消除我的痛苦？

保仁醫師診療室

事實上，有相同困擾的女性朋友不在少數，只不過大家都羞於說出口，因此變成了不能說的秘密。

漏尿的問題不會造成生命危險，卻影響生活品質及尊嚴。想要改善漏尿，一定要先搞清楚原因。這就如同警察辦案一樣，先知道兇手是誰，才能進一步破案。漏尿嚴格上分成七型，第一個是應力性尿失禁（Genuine stress incontinence），也就是一用力就會漏的情況，第二種是急迫性尿失禁（urge incontinence），原因是膀胱太敏感了容易不自主收縮，一看到廁所甚至聽到流水聲就想尿。第三種就是滿溢型尿失禁（overflow incontinence），簡單說就是滿到爆，但是多數是因為膀胱的感覺神經出問題（例如糖尿病或是中風後遺症），滿到爆卻不自知。第四種就是混合型囉。其他三種包含功能型、瞬間性、全尿失禁，因為太複雜，就不一一解釋，但是最常見還是前四種。

女性產後漏尿，通常是屬於應力型的。打個簡單的比喻，如果一支牙膏的蓋子蓋得很緊，怎麼用力都不會擠出來，但如果蓋子鬆了，隨便施力就會外漏。牙膏的蓋子就是我們的骨盆腔底肌肉的膀胱頸，會不會漏尿，跟它的鬆緊度有關。正常的骨盆腔裡有子宮、膀胱及直腸等，如果長期用力或懷孕生產，骨盆腔底會變得鬆弛。

剖腹產也可能漏尿

每當保仁醫師提到產後漏尿的問題時，很多人會說自然產時產道被寶寶撐大了，所以鬆弛。其實，這個說法只答對了一半，因為不只是自然產，連剖腹產的媽媽都難以倖免。想想看，婦女懷孕需要八到十個月的時間，腹部的重量是不斷增加的，加上荷爾蒙的影響，身體的組織也會變得比較鬆弛，因此只要懷孕將來就有可能會漏尿。當然，經過胎兒的擠壓，自然產的媽媽的確會更嚴重一些。當女生年齡漸長，尤其是停經以後，荷爾蒙不夠了，陰道的黏膜彈性變差，造成「關不緊」的情況，當咳嗽、打噴嚏時，就會漏一些尿出來。

很多人以為漏尿才叫尿失禁，但骨盆腔變鬆，造成的影響不只是尿失禁，包括了頻尿、急尿、夜尿、尿尿時感覺痛或沉重，這些都是尿失禁的一種。其實漏尿處理沒有想像中那麼困難，只要妳勇敢面對，有很多方式是可以改善的。

改善漏尿的方式

每個來門診的病患都說自己漏尿好嚴重，但檢測之後情況往往不像他們所形容的。臨床上，對於來求診的病患，通常會先進行「尿動力學檢查」。方法是先請病患先墊上一片棉墊，並且大量喝水之後再進行蹲、爬樓梯等活動。一個小時內，如果病患咳嗽漏尿在棉墊上測出來超過十公克，就算是情況較嚴重，通常必須手術才能改善。一般而言，超過兩公克就算有感，患者會常感覺內褲濕濕的、有味道。

健康小學堂

尿動力學檢查

完整的尿動力學檢查包括以下項目：

1. 尿流速圖：可以得知排尿量、尿流時間、尿流速度，並做測定解完尿的殘尿。

2. 尿道壓力圖：可測得最高尿道壓力、尿道閉鎖壓力、尿道功能性長度，男性還可以測得攝護腺壓力長度。並可協助用力性尿失禁患者，腹壓與尿道壓之判斷。

3. 膀胱容積壓力圖：測量膀胱的容量，並了解膀胱在儲尿量及排尿上問題。

4. 肌電圖：測定外括約肌的功能，並得知括約肌的協調性。

檢查過程中，會在尿道放入一條細的導尿管至膀胱，再灌入 CO_2 或 H_2O。經由儀器，記錄膀胱內壓力的變化，以及膀胱收縮的情形。膀胱與直腸都要置放壓力導管，經由電腦儀器，記錄排尿時膀胱壓與腹壓的情形。測量時間大約一小時。

1. 凱格爾運動

針對輕微的漏尿，醫師通常會建議多做「凱格爾運動」。相信大部分生產過的婦女都曾聽說過這個名稱，這是一種隨時隨地都能自我練習的動作。凱格爾運動目的是在訓練骨盆腔底的肌肉，透過不斷的重複進行，可以強化肌肉的力量，有助於減少漏尿的情形。凱格爾運動非常簡單，不管坐著或站著都可以。方法是收縮骨盆肌肉（恥骨尾骨肌）五秒，之後再放鬆五秒，重複做二十五次，一天做四個週期。如果不知道怎麼練習的人，可以想像在尿尿的過程中，突然中止憋住尿，幾秒後再放鬆，透過憋尿的動作就可以明顯感覺到哪些肌肉在縮放，經常加以訓練，可以降低婦女尿失禁的問題。根據研究，在正確指導下好好地做六個月，改善程度達八成。

2. 雷射緊實治療

四十歲左右、漏尿情況不太嚴重的人，如果沒有耐心做凱格爾運動，也可以考慮雷射緊實治療。以探頭沿著陰道內壁施打雷射，透過光熱效應，能夠刺激膠原蛋白增生，同時也能恢復骨盆肌肉的彈性與緊致，進而改善擾人的尿失禁。雷射手術能讓陰道三百六十度緊實，根據研究，整個直徑會減少百分之十七，如果把作用集中在尿道及膀胱口處，滿意處可高達九成。不過，就像臉部雷射或電波拉皮一樣，私密處雷射也是每隔一段時間就要補做一次，效果才會好。就如同練肌肉一般要密集做才有效，雷射通常一年需做三次，第一、二次相隔近一些，之後隔三到六個月再做第三次才比較有效，第二年之後每年可以進行一到兩次保持。坊間目前有很多儀器設備，從二〇一〇年兩家領導廠牌上市至今，至二〇一六年底為止，有超過十四種設備加入這個治療範圍，現代醫學的確越來越重視影響「生活品質」的一些疾病與臨床症狀，私密處緊實治療與漏尿治療就是其中代表。

3. 懸吊手術

太嚴重的漏尿問題，光靠凱格爾或雷射是沒用的，必須進行手術才行。當然，很多婆婆媽媽被告知要手術才能解決問題時，通常都會卻步。其實長痛不如短痛，簡單的手術就能解決困擾已久的問題。何況，以前要從肚子開個洞才能手術，現在傷口從私密處（陰道的前壁）進去即可，只有小小的傷口，不需住院，而且一天就能改善與痊癒，這類懸吊手術近十年來有長足的進步，從手術方式以及材質都有許多選擇，還是要跟專業醫師討論進行。

漏尿的情況不只中年婦女會發生，年輕女性也可能因生產而漏尿。保仁醫師有個不到三十歲的病患，生完二胎後，一直有漏尿的情形。她很喜歡跑步，但只要一運動，就會感覺到下面漏尿了，心情也會跟著變差。因為討厭漏尿的感覺，所以越來越不想去運動，一直不動的結果就是身上多出了許多脂肪。這名病患還很年輕，覺得自己不能一直這樣下去，所以就主動來找保仁醫師看診。做完緊實雷射的當下，我告訴她：「今天就會有感覺了！」

由於她住在外縣市，因此是坐火車北上來看診的，回程趕火車時，馬上試跑了起來，結果令她大為滿意，特地傳了一封簡訊來謝謝保仁醫師，更重要的是她重新找回自己的自信心，包含可以自由自在地運動和體態的恢復。

尿失禁自我檢測

應力性尿失禁	**輕度：**嚴重咳嗽、打噴嚏、搬重物、提重物、跳躍就會滲尿 **中度：**大笑、跑步或快步走、爬樓梯、做運動時就會滲尿 **重度：**走路、做家事（如洗碗、掃地）、改變姿勢（如由站到蹲或坐）就滲尿
尿急性尿失禁	經常出現突然且強烈的尿意感 經常來不及上廁所 晚上起床上廁所超過兩次 有使用尿布墊或成人紙尿褲的習慣
混合型尿失禁	同時有以上兩種情況發生

我的陰道老化了嗎？

一步入中年之後，我真的感覺體力大不如前，臉上的肌膚也開始往下垮。不過這些我都覺得還好，最難以忍受的是陰道變得乾乾澀澀的，有時還會搔癢及漏尿。每次老公想找我愛愛時，我總是性趣缺缺，隨便編一些理由來拒絕他，幾次之後他的態度也逐漸變得冷淡。我自己上網查過一些資料，得知這可能是陰道老化的現象，因此想請教一下醫師，有沒有方法可以讓陰道變年輕呢？

保仁醫師診療室

女人一生都在追求「抗老」這件事，除了臉部之外，看不見的私密處也要保持青春。只要是人都抵擋不了地心引力，老化是無可避免的現象，陰道就跟全身的皮膚及組織一樣，當然也會萎縮及鬆弛，若再加上生產及更年期荷爾蒙的影響，任何一個女性似乎都難逃老化的命運。

陰道老化不只會影響性生活，也會造成漏尿等問題，因此目前私密處抗衰老已

陰道鬆弛自我檢測

自我檢測

- ☐ 尿失禁(咳嗽、跳躍、跑步時會漏尿)
- ☐ 陰道內分泌物減少，甚至乾澀造成性交疼痛
- ☐ 性伴侶曾抱怨有鬆弛感或不夠緊實

- ☐ 曾經生產過
- ☐ 下腹有垂墜感
- ☐ 過度肥胖以及減肥過快
- ☐ 常常急尿且頻尿(一有尿意就想排尿，且一天排尿八次以上)
- ☐ 分泌物增加或親密行為時，私密處有排氣聲音

如果左欄有一項以上或右欄有三項以上情形符合，
就有需要專業諮詢，該如何保養預防陰道鬆弛和老化囉！

私密處緊實療程比一比

	原理及作用部位	手術時間	適合對象	維持時間	價錢
陰道緊實雷射	增加黏膜厚度與彈性	15~20 分鐘	有陰道鬆弛困擾	3~6 個月	單次約 3 萬元
填充手術	玻尿酸／脂肪／PRP（註）	10~15 分鐘	局部加強，可以加強 G 點	數月到一年	數萬到十餘萬
陰道緊縮手術	針對陰道包含提肛肌都可以進行修正以及緊縮	30 分鐘 ~ 90 分鐘	嚴重鬆弛困擾不再進行陰道生產者	終身	6~10 萬

註：PRP-Platelet Rich Plasma，翻譯為「高濃度血小板血漿」，這幾年在台灣開始盛行，主要是利用高濃度的血小板促進組織的復原，1990 年起就應用在韌帶損傷的治療，這幾年在運動復健醫學應用很廣，目前更多應用在美容醫學，在私密治療上也扮演了有趣的角色。

經成為新的趨勢。在保仁醫師的門診中，甚至有二十多歲的年輕女性想做陰道緊實雷射來預防老化。

想知道自己是否有陰道鬆弛的跡象，不妨藉由上表自我研判一下。當然，陰道緊實的治療方式不只一種，每種都有其特性及優缺點，想改善陰道鬆弛的朋友們，可以參考看看。

健康小學堂

雷射美容進展三部曲

在皮膚科或醫美的領域中，雷射的出現被視為劃時代的發明。雷射美容不但能祛斑、除斑，還具有緊實、抗皺及拉提等功效，因此很多女性視雷射為變美、變年輕的萬靈丹。長久以來，雷射治療都是打在表皮上，不過自從二〇一一年第一台陰道緊實雷射上市後，證實雷射也能在黏膜組織（口腔、陰道）上發揮很好的效用。二〇一六年，雷射治療又有新的進展，由於陰道緊實雷射效果良好，醫界再度嘗試將雷射打在口腔黏膜上，經過不斷的研究及試驗，終於找到了最適合施打的能量及發數。因此，現在想要拉提已經下垂的臉部組織，不只可以從外面雷射，還可以從口腔內施打，以內外兼攻的方式來進行，效果會更好，另外也開發給耳鼻喉科治療打呼患者呢。二〇一六年更應用在下眼瞼黏膜，可以拿來治療什麼呢？聰明的讀者猜出來了嗎？沒錯，就是「眼袋」。聰明的醫療夥伴們下一步想到什麼呢？偷偷跟大家透露，直接打在尿道內（Intra-Urethra），直接加強尿道的彈性與強度，可以更精準治療尿失禁，大家拭目以待吧。

結論是：科技始終來自人性，但是滿足需求是我們醫學的目標，你們想要的，我們就會找出解決的方法。

縫三環手術可讓陰道回春？

我跟先生之間的性生活原本非常美滿，不過好景不長，在我陸續生完一兒一女之後，兩人愛愛的機率就變得越來越少，一年只做幾次，連一隻手的手指頭都可以數得出來。我自認外貌及身材都算維持得不錯，但生完小孩後，總覺得自己下面變得不一樣了，再也不像之前那麼緊實、那麼好了，因此不再喜歡跟先生做愛。朋友聽到我這個狀況，馬上告誡我再這樣下去婚姻會出問題，她說自己為了維繫夫妻間的情感，鼓起勇氣去做了「縫三環手術」，從此跟老公彷彿回到熱戀期。到底縫三環手術是什麼呢？真的可以讓夫妻感情回溫嗎？

保仁醫師診療室

陰道真的是越緊越好嗎？

還記得保仁醫師二十年前剛出道的第一例陰道整形，是一位年近五十歲充滿活力的熟女，因為想讓性生活更滿意，於是進行修補整形手術。手術後，我超滿意的，真的是宛如少女的開口。但是一個月後，這位辣熟女回來要求，可否放鬆，因為太緊了，在愛愛時很痛。

其實女性性功能障礙最新的診斷有一項就是插入疼痛，也是門診很常見的一種抱怨。除了因為骨盆腔發炎，內膜異位症，或是其他子宮疾病，都可能導致插入疼痛，而且多數是深處疼痛。這類多數在婦科疾病控制後，會改善。但是近來門診更多的插入疼痛是在進入時就疼痛，主要是因為外陰前庭處有裂傷，男性同胞不要暗自竊喜是因為尺寸太大引起，因為陰道的延展性極佳，連小孩的大頭都能生得出來，男人的小頭哪能影響呢？常見原因，第一是因為更年期或是更年前期（四十五歲後）因為荷爾蒙減少，導致組織流失以及表皮變脆弱引起。處理原則上，可能需要荷爾蒙補充，甚至需要補充流失的組織。其次年輕婦女常常因為局部無法保持乾爽導致外陰浸潤，容易破皮裂傷，這類治療以保持乾燥為主，有時候也可以給予局部雷射以及生長因子治療。

保仁醫師近期就有一位停經多年的歐洲婦女，近幾年莫名地骨盆腔疼痛，當然也影響跟先生的親密關係。在華人世界，六十歲早已經是老夫老妻了，應該隨心所欲不踰矩了，但是在西方國家，親密關係是婚姻或男女關係重要的一環；這對夫婦在國外求診很久，沒有改善，因為先生到台灣工作，也在台灣尋求醫療幾個月，仍然沒有改善。經過轉介到保仁醫師門診，剛開始給了陰道的荷爾蒙凝膠，還是沒改善，根據建議使用陰道雷射治療後，當天莫名的骨盆疼痛就緩解了。一週後進行親密關係，除了不再疼痛，甚至比以前更好，她回診直說「amazing」，而且還埋怨在國外都沒有醫師建議進行這樣的療程。嗯，只能說，台灣的醫療的確很先進以及人性化，所有婦女的需求，我們都考慮到了，我們也做了一個很好的國民外交呢。

至於陰道緊實手術有很多細節上的差異，行銷語言上，大家可以聽到三百六十度、三環式，甚至於曾經有大陸的客戶跟我討論過韓國醫師提出全方位整修，但是手術後需要臥床一個月，開價兩百萬人民幣；其實整形手術就像訂製衣服，合身好看，但是穿了舒服才是重點。保仁醫師的陰道整型手術多數會進行三段式整理，包含入口不能太緊，否則會讓女性疼痛難忍，陰道中段以及上段必須有包覆感，除了讓男性感受緊實感外，還有陰道獨特的皺折是讓男女雙方都愉悅的關鍵，這部分有時候也不能只靠手術，需要一些填充物質，包含玻尿酸、自體脂肪，或是PRP（高濃度血小板血漿）才能達到接受手術的初衷，讓雙方都能夠達到愉悅的境界才是。

如何增加陰道濕潤度？

有一個問題藏在我心中很久了，那就是隨著年紀漸長之後，我覺得陰道越來越乾澀，成為名副其實的「乾妹妹」。因為陰道太乾了，完全沒有潤滑的感覺，每次跟先生愛愛時都會覺得疼痛，讓我只想快快結束。先生每次求歡都被我拒絕，或是敷衍行事，這讓他覺得自尊心受損。他問我是不是對他沒感覺了？不然為何完全沒反應呢？

我想請問醫師，用什麼方式才能幫助陰道恢復濕潤？如何才能提起性致呢？

保仁醫師診療室

在這，我先從陰道分泌物說明。陰道分泌主要由陰道黏膜及子宮頸黏膜提供，簡單說，陰道黏膜負責約三分之二的量，子宮頸負責約三分之一的量，所以如果子宮全切除後，陰道分泌物是會減少一些的。當然大家聽過的「巴氏腺」因為位在入口處，也負責把守入口網站的潤滑；排除掉更年期因為荷爾蒙不足，或是泌乳期因為泌乳激素會抑制荷爾蒙所導致的陰道較為乾澀外，還有因為極度減肥導致營養不良，分泌物大幅減少外，多數是可以改善的。

有沒有性趣，不是只跟濕潤度有關，從情慾反應、情境培養及增加情緒，還有適當的工具協助，都是可以改善的。因此，保仁醫師要提醒大家，想要提升性致並非增加陰道的濕潤度就可以，若對象你不喜歡，環境及氣氛也不理想，怎麼會做得開心呢？

當然，如果只是濕潤度的問題，熟女們可以使用潤滑劑或補充荷爾蒙都是可以改善的。如果擔心口服荷爾蒙對健康造成影響，也可以選擇使用局部的荷爾蒙軟膏來達到濕潤的效果。更新的治療方式，緊實雷射也可以改善，原理是讓陰道黏膜年輕化（Rejuvinie），行銷語言叫做「回春」，但是其實概念就如同臉部皮膚的去角質，讓新的黏膜再生，自然會回復到比較年輕的功能狀態了。其他情形還是可以尋找醫療協助，相信我們，解決你們的困擾就是我們的任務。

Part 5

更年期女性更自信

更年期的生理變化

最近我常覺得睡不好，脾氣也變得十分暴躁，甚至莫名其妙地心情就變差，同事們都在背後議論紛紛，說我更年期到了！我聽說更年期五十歲左右才會來，我現在才四十五歲，也還有大姨媽來，應該還不到更年期吧?!而且更年期女性不是都會熱潮紅嗎？我沒有這個症狀，代表更年期還沒來報到吧！

保仁醫師診療室

女性更年期平均年紀約在四十七到五十三歲之間；男性也有更年期，不過時間再晚一些，而且症狀比較緩和。很多人一聽到自己的更年期可能已經到了，直接反應就是反駁、拒絕承認，這是因為更年期長久以來被污名化的結果。保仁醫師覺得，我們應該把更年期視為榮耀時刻，代表你已經進入了人生另一個階段。小朋友在進入青春期時會被視為「轉大人」，代表步入成長的另一個階段，而面對更年期，我們應該當成「轉成熟」，也就是卵巢該好好休息、榮退了。

先回到定義，什麼叫更年期？

標準說法，排除掉懷孕，月經超過一年沒來，算是停經！

但是嚴格上，應該定義為卵巢衰竭（ovarian failure），基本上可以靠抽血來確認是否停經，其中濾泡刺激激素（ＦＳＨ）如果大於四十國際單位（IU），或是雌激素（雌二醇）小於二十，算是停經的定義。

至於很多人擔心自己停經是否過早，套句現在流行語，會不會「早更」呢？醫學上的定義是四十歲以前停經，才算是早發性更年期，四十歲之前停經，強烈建議補充適量荷爾蒙，以免退化類疾病過早出現。

更年期怎麼做更舒服？

大約從去年開始，我的大姨媽就變得愛來不來的，經常二、三個月才來一次。雖然我很不想承認，但也不得不開始面對更年期快到了的問題。我聽說更年期會熱潮紅、脾氣暴躁跟睡不好，所以我開始「挫咧等」，真的好擔心影響原本的生活喔！我想請問醫師，是不是每個女人更年期都會很痛苦？有沒有方法可以改善呢？

保仁醫師診療室

二、三十年前，一提到更年期，我們會提醒病患須注意骨質疏鬆、心血管疾病以及癌症相關症狀等，簡單有分成初停經（剛停經兩年左右），中期停經（初停經二到五年），到後期症狀（停經十到十五年後）。但隨著時代的轉變，加上女性地位的提升，大家反而把更多的焦點放在影響生活品質的症狀，以及如何改善生活品質上。這幾年更年期醫學討論兩個重要議題，血管舒縮症狀ＶＭＳ（VasoMotor Symptom），陰道外陰萎縮ＶＶＡ（Vulvo-Vagina Atrophy）。嗯，很多人可能會覺

	顯著症狀	症狀說明	處理方法
火山族	熱潮紅	• 一天內，燥熱情況超過二次。 • 最愛飲品，而且一定要冰的。 • 冷氣溫度開始設定在二十五度以下。 • 扇子、毛巾、面紙變成包包裡的必需品。 • 冬天也不覺得寒冷。	• 補充荷爾蒙 • 藥物治療
熊貓族	睡眠困擾	• 躺在床上超過三十分鐘也無法入睡。 • 過早清醒。 • 睡眠困擾已經持續一個月以上。 • 需使用其他藥物，如鎮定劑、安眠藥才能快速入睡。	• 注意睡眠衛生 • 藥物與荷爾蒙補充 • 藉由運動放鬆
乾太太族	生殖泌尿道困擾	• 私密處開始出現螞蟻咬般的搔癢。 • 一周親密次數少於一次。 • 使用各種藉口躲避親密時刻。 • 私密處分泌量銳減。 • 興起購買潤滑劑的念頭或已經購買。	• 使用局部荷爾蒙 • 使用潤滑保濕保養品
暴龍族	情緒困擾	• 一星期與家人發生爭執超過兩次，容易生氣。 • 對於音量大小容忍度變低（例：小孩、寵物聲音）。 • 常會莫名覺得不安、緊張、焦慮。 • 對什麼事都提不起勁。 • 常常覺得很疲倦。	• 情緒管理 • 就醫治療 • 飲食及運動 • 良好的睡眠品質 • 補充荷爾蒙

得這兩個症狀又不會死人，很重要嗎？當然，否則醫學界不會列為熱門項目。為了讓大家容易了解，保仁醫師將更年期女性分為以下四大族群：

火山族：肚子裡像是有一把火，整個燒上來的感覺。從外觀就可以很明顯看得到臉上的潮紅，而且狀況可能持續好幾個鐘頭。更年期熱潮紅的原因是血管反應受到影響，而熱、潮、紅都是為了降溫、散熱。熱潮紅每發作一次，體溫就會往下降一度。想想看，如果沒有熱潮紅的降溫機制，更年期時身體的溫度可能會上升十度。熱潮紅現象越來越被重視的原因，主要是若沒有好好處理，以後罹患糖尿病、心臟病、中風的可能性會大幅增加。因此，更年期女性若出現熱潮紅現象時，千萬別再認為咬牙忍一下就好，適時尋求醫師的協助才好。

熊貓族：很多人以為更年期時才會睡不好，其實更年前期（停經前二年），甚至四十五歲開始，睡眠品質就可能開始出現問題。更年期會影響到睡眠中樞某些荷爾蒙代謝，因此只要簡單補充一些女性荷爾蒙及抗焦慮的藥物，睡眠不良的情況就會改善許多。

乾太太族：停經二至五年後，私密處會變得比較乾燥，易引發陰道感染。在保仁醫師的門診中，許多女性患者都是因為陰道反覆感染、頻尿、急尿、膀胱發炎等問題來就醫，而陰道乾澀等不舒服的症狀也會影響到性趣，所以一直拒絕老公求歡。不過要小心，如果「乾太太」當久了可是會影響夫妻之間的生活的。

乾太太症候群的治療，基本上還是以補充荷爾蒙為主，不過這個族群主要是五十五歲左右的女性，未必需要再補充雌激素，因此醫師會建議補充陰道專用的荷爾蒙即可。

暴龍族：在保仁醫師的門診中，也常碰到情緒失控的熟女暴龍族。由於情緒管理中樞與女性荷爾蒙關係密切，因此更年期時，情緒的波動會比較大一些。

補充女性荷爾蒙會致癌嗎？

最近我突然對一切都變得好敏感，睡覺時只要聽到一點點躁音，就會完全睡不著，有時鄰居發出的聲音大一些，我就會變得好煩燥，實在很想衝過去請他們安靜一些。此外，經常別人隨便說一句話，就會讓我火冒三丈，加上我老公太過白目，所以我最近總是跟他吵架。我女兒說我是因為更年期到了，叫我去看醫生，可是我聽說醫生都會叫人補充女性荷爾蒙，那個好像會致癌耶，到底能不能吃啊？

保仁醫師診療室

很多人認為更年期補充荷爾蒙，會提升罹患婦癌的風險，因此對這種療法心存疑慮。其實荷爾蒙分成很多種，不能一竿子打翻一條船人。更年期最需要補充的荷爾蒙是「雌激素」，也就是俗稱的女性荷爾蒙。一九七〇年代，由於《風華絕代》(Feminine Forever) 這本書裡曾提到女性荷爾蒙會使肌膚彈性變好，讓人變得更年輕、更漂亮，因此當時補充女性荷爾蒙蔚為風潮。不過二十多年後，醫學研究發現，如果照原來劑量服用，可能會提高罹患某些癌症的風險。其實，只要按照醫囑在安全的劑量下服用，就不用憂心。

到底該不該用，或是該如何用呢？保仁醫師用演講時的課後提醒提供給大家參考：

- 有症狀就治療。
- 該檢查就檢查（乳房攝影、骨質密度、血脂肪、血糖等）。
- 太老不要用（停經超過十年不要開始用，說明詳見下一頁WHI研究）。
- 用藥比吃豆腐好。
- 用太久考慮改用其他植物性荷爾蒙或是個別用藥。

健康小學堂

WHI 研究

話說女性荷爾蒙相關藥物，在一九四二年美國食品藥物管理局通過 premarin 這個從母馬尿提煉的複合性荷爾蒙的使用，一開始是用在改善更年期，例如熱潮紅的症狀。在一九六八年，知名作家 Robert A. Wilson 的一本暢銷小說《Feminine Forever》提及更年期女性都應該服用荷爾蒙，讓自己常保年輕，風華永存，一時蔚為風潮，甚至《JAMA》這些期刊還有文章討論。

一九八四年食品藥物管理局給了這個藥第二個適應症——治療「骨質疏鬆症」，但是相關研究人員臨床發現，似乎對於心血管疾病有減少發作與預防的功能，所以在一九九〇年代，連心臟內科都加入給予更年期女性雌激素的行列；一九九三年著名的 WHI 研究開始收案進行，這個案子主要是想證實，雌激素可以改善甚至預防心血管疾病，這樣雌激素可以跨領域變成一個心血管疾病預防用藥了。

但是一九九八年開始，陸續有幾個大研究發現好像結果跟預期不太一樣，甚至於在二〇〇一年美國心臟病學會正式提出警告，建議已經有心臟疾病的婦女要避免使用雌激素。

二〇〇二年WHI初步研究成果，發現乳癌風險跟以往一樣，在長期服用後（第四年開始）的確增加，而且後續證實連心血管疾病（心臟病／中風）風險也增加了，因此在當年七月，難得一見地在

何時開始吃很重要：黃金十年

時機很重要

荷爾蒙補充的優點與風險，隨著停經多久開始補充而異，越晚服用，效益越低。建議停經十年內開始補充是最佳選擇。

▼下降　△上升

年齡	心臟病	中風	任何原因的死亡
50-59	7%▼	13%△	30%▼
60-69	2%▼	50%△	5%△
70-79	26%△	21%△	14%△

資料來源：《JAMA》April 2007

《JAMA》這個著名期刊，發表了中止這個研究的訊息。

好吧，有風險就有風險，就不要吃就好了吧！

可是在這裡保仁醫師幫大家做一個釐清，冤有頭債有主，到底是誰害的呢？簡單地說WHI這個系列研究是針對心血管系統疾病而做，所以研究對象選擇五十到七十三歲，平均年齡六十三歲。當初的報告

WHI 統計表

		荷爾蒙 n=8506	安慰劑組 n=8102	E+P（換算成 10,000 人／年）	安慰劑組（換算成 10,000 人／年）	危險機率
CVD 心血管疾病	冠心病	164	122	37	30	1.29
	腦中風	127	85	29	21	1.41
	靜脈栓塞	151	67	34	16	2.11
	肺栓塞	70	31	16	8	2.13
	總計	694	546	157	132	1.22
Cancer 癌症	乳癌	166	124	**38**	**30**	**1.26**
	子宮內膜癌	22	25	5	6	0.83
	直腸癌	45	67	10	16	0.63
	總計	502	458	114	111	1.03
Fractures 骨折	髖骨骨折	44	62	10	15	0.66
	腰椎骨折	41	60	9	15	0.66
	總計	650	788	147	191	0.76
總數		751	623	170	151	1.15

細部分析，如果將病患區分成停經十年之前或是之後，發現如果停經超過十年（大約六十歲以後），這時候才補充荷爾蒙，不但沒有保護效果，心血管疾病發生率以及死亡率都會增加。但是如果停經不到十年，開始補充荷爾蒙，心臟病發生率下降百分之七，中風風險還是增加百分之十三但是死亡率卻是下降三成的。

當時醫界的衝擊其實是在心血管的部分，但是大家都只注意乳癌風險增加百分之二十六的部分，一時誤會是一百位服用有二十六位會得到乳癌，其實真正的數字分析是，把研究群組分為一萬位有服用荷爾蒙婦女及一萬位沒有服用荷爾蒙婦女兩組。在追蹤第四年起，發現有服用荷爾蒙的那一組，有三十八位罹患乳癌，但是沒有服用的那一組也有三十位得到乳癌。換句話說，前三年大家得到乳癌風險差不多，第四年起，每一萬人增加了八位得到乳癌。嗯……這樣子大家懂了嗎？

但是服用荷爾蒙，其實是會降低百分之十七子宮內膜癌，以及百分之三十七大腸癌的風險，所以功過還是看人啦。

停經後愛愛變疼痛？

大概從停經前一、二年開始，我就覺得跟先生愛愛時會疼痛，感覺也不再像年輕時那麼愉悅了。為了躲避先生求歡，我開始跟他分房睡，有時他會發脾氣，說要出去找外面的女人解決，雖然我嘴上都說無所謂，但心裡還是會擔憂。我想請問保仁醫師，愛愛會疼痛是因為更年期的關係嗎？面對還有性需求的先生，我到底該怎麼辦呢？

保仁醫師診療室

更年期時一開始陰道黏膜會變鬆，但後來又會變緊、變窄。很多人一聽到「陰道變緊、變窄」，會認為這不是很好嗎？可以讓另一半更有感覺？其實這種想法是錯的。更年期女性陰道變窄後會變得很沒有彈性，就好像是彈性疲乏的水管一般，愛愛時，自己及對方都會不舒服。此外，分泌物變少也是造成性愛疼痛的原因之一，加上荷爾蒙不夠，情慾也會跟著下降，而性愛後又容易感染，所以變得性趣缺缺。這些問題目前都有方法改善，包含適當荷爾蒙的補充，改善情慾以及分泌物狀態，甚至於利用最新的雷射治療，也可以改善陰道黏膜的健康，包含分泌物以及彈性反應等。只要配合醫療的協助，這些情況都能獲得改善的。

不要認為這個年齡不好意思處理這個問題，保仁醫師門診有越來越多夫妻因為這個問題前來求診，維持良好的親密關係是維繫夫妻情感以及婚姻的重要一環，只要願意面對，都可以改善的。

性趣缺缺怎麼辦？

這兩年開始步入更年期，我真的覺得諸事都不順心，除了身體的不適之外，跟先生也越來越常吵架。停經之後，每次嘿咻都很痛，加上覺得生兒育女的責任已經完成了，因此對性愛這件事越來越不感興趣。

我希望先生可以多體諒我一點，但他卻說自己還有需求，我該為這件事去尋求醫師的幫助嗎？

保仁醫師診療室

談到更年期，一般人會把焦點放在骨質疏鬆、心血管疾病、癌症，甚至老人痴呆等健康議題上。近年來，更年期也成為熱門的議題，除了熱潮紅之外，外陰萎縮所衍生出來的乾澀、性生活困擾及膀胱泌尿道等問題，也逐漸獲得重視。此外，更年期所造成的性慾低下症候群（ＨＳＤＤ），在國際上也越來越受到關注。

性慾低下跟更年期的關係非常密切，因為它跟男、女荷爾蒙皆脫不了關係。

目前針對性慾相關疾病的診斷非常多，有的認為跟男性荷爾蒙或多巴胺等荷爾蒙低下有關，目前治療上還沒有找到效果良好的單一藥物，百憂解或適當的男性荷爾蒙刺激也許可以幫一點忙。

想要改善性慾低下問題，保仁醫師覺得還是該回到「如何炒冷飯」這個議題上，重新營造新的刺激是提升情慾的好方法。

另外，也可以從硬體結構來下手，例如前面提到的「改變」。這並不是鼓勵已婚的人換個性伴侶，但可以換個情境或感覺。而女性的陰道乾燥萎縮也可以試著改善。

目前並沒有所謂的回春藥物，也就是讓人吃了一顆之後馬上性慾高漲的春藥，這種神話只有在小說裡才會出現。許多結婚多年的夫妻不管在性愛的反應或頻率上都變差了，這是因為彼此都冷掉了的關係。因此，想辦法重新燃起對生活、對彼此的熱情，才是真正有助益的。

女性也有威而鋼嗎？

保仁醫師您好，我在大陸一直有看到你上節目，你講的真是太切中我的心了！你說夫妻間性生活很重要，如果彼此之間不協調，可能會造成家庭的問題，這個情況真的出現在我身上。大家都知道大陸的誘惑很多，一不留意就可能讓小三、小四趁隙而入，偏偏我最近對愛愛這件事完全提不起勁。我也是有危機意識的，知道這樣下去會影響夫妻關係，因此想請教醫師，有沒有可以改善我們女性性慾的方法或是藥物呢？

保仁醫師診療室

在我的門診中，常遇到先生雖然步入中年，但是對性仍有相當需求，而太太卻是興趣缺缺，為了配合先生所以勉強演出的案例。通常在我的溝通及解釋後，病患大致可以了解這是ＨＳＤＤ（Hposexual Desire Disorder 性慾低下症候群），也有可以改善的方法。可是，有些女性還是會質疑「為甚麼男生都有威而鋼，女生卻受到忽視？」其實，醫藥界並沒有忽略掉女性的需求，這是一個很大的市場。

女性威而鋼的誕生

二〇〇九年十一月十六日，百靈佳殷格翰公司（Boehringer Ingelheim）在歐洲性學學會發表了一份報告，他們針對停經前患有性慾低下症候群（ＨＳＤＤ）婦女，使用 Flibanserin（氟班色林）這個藥物，在五千多位橫跨美國、加拿大、歐洲的使用者顯示，使用者與對照組之間，滿意度上有統計學上的意義，但是無法證明能提高性慾，所以第三期的臨床試驗無法通過。當然，藥物都開發了，還是要試試運氣。不幸的是，在二〇一〇年美國ＦＤＡ駁回了這個藥物的申請，即使研究結果聲稱效果良好，副作用少，只有輕微頭暈、噁心、嗜睡、失眠、容易疲倦等症狀。

但是這個市場實在吸引人。藥物開發與研究真的很困難，外加這個藥至少沒有傷害，而且有一定改善效果，所以一家藥廠斯普勞特製藥（Sprout Pharmaceuticals）承接了這項研究計畫。這是二〇一〇年由 Slate 藥廠成立的子公司，它們看準了女性ＨＳＤＤ市場，另外開啟十四項臨床試驗，加上之前的數據，整理了超過一萬一千人的資料。二〇一三年六月，它們再度向ＦＤＡ提出申請，這次報告呈現使用藥物四週內，對性行為的滿意度大幅增加（實驗組二十五次／對照組十五次）。可惜二〇一三年十二月又被退回，原因是對其中兩項試驗受試者的生化代謝是否受影響有疑慮，以及是否影響性衝動須更進一步釐清。Sprout Pharmaceuticals 藥廠繼續申請，終於在二〇一五年十月在美上市。

威而鋼並非萬靈丹

從女性威而鋼申請上市之路困難重重，不難發現新藥上市真是困難與嚴格，價格與專利保護也是必然的。「食色性也」，親密關係的維持是值得投資的。如果沒有傷害，只要有一定療效，從治療者與病患而言，都是可以嘗試的方案。

性愛不是只有性，還有愛，關於情感需要雙方互動與共同付出，請不要妄想仙丹妙藥可以立刻見效。耶魯大學的心理學教授史登堡（Sternberg），在一九八六年提出了「愛的三角形理論」，包含ＰＩＣ（Passion 激情／Intimacy 親密／Commitment 承諾）。

談到性，大家似乎只在乎性愛與激情，其實親密感更是女性在意的。研究顯示，對於停經後的熟女，前戲中的親吻與親密的愛撫，比持久的提槍快跑、衝鋒陷陣更能讓女性同胞滿意。

保仁醫師常在演講以及門診強調，雙方要一起「共體時艱、再創親密感」，只要付出，情況一定可以改善的。

除了期待女性威而鋼可以改善性慾低下之外，保仁醫師建議還可以：

1. 轉換場景以及心情（請參考 P.100-P.108）。

2. 善用一些含血清激素的合法藥物調節。

3. 增加自信心與自我滿意度：讓自己滿意是美好親密關係的重要關鍵，建議愛美的女性不妨到醫美中心做一些微整形，讓自己更有自信。

4. 運動及雷射治療：凱格爾式運動加上陰道緊實治療，可以改善輕微尿失禁與房事滿意度。伸展運動改變身體柔軟度，更可以享受性愛，此外適當的有氧運動，例如快走加上慢跑，可以改善體能、體態，以及提高性慾；另外陰道緊實雷射，也可以列為考慮項目，因為七到九成的夫婦在治療過後，滿意度是提升的喔！

5. 向另一半表達愛意：這一項最難，但是最有效。有了這項法寶，你就是超級威而鋼了。

天啊！陰唇怎麼變長了？

從年輕時我就很努力維持身材及面貌，雖然現在已經快五十歲了，但還是大家眼中的美魔女。不過即使外表保持年輕亮麗，某些部位的老化卻讓我束手無策，例如大家看不到的私密處。不知道從什麼時候開始，我的陰唇漸漸變長，感覺好像掉下來的兩片舌頭，而且顏色也變黑了，真的很難看。雖然我老公說那個地方不會有人看見，叫我不用太在意，但我真的無法接受自己的私密處變得這麼醜，想請問醫師該怎麼處理呢？

保仁醫師診療室

當雌激素下降，陰唇會變得不再像以前那麼豐滿，加上脂肪萎縮、喪失膠原蛋白等因素，都會造成私密處組織萎縮及鬆弛。生過小孩、年紀增長、由胖變瘦等狀況，都可能會讓大小陰唇垮下來，這就好像上了年紀之後，肌肉變得比較沒有彈性，屁股肉也會掉下來一樣。

大陰唇是連接屁股的組織，也就是俗稱「該邊」的地方。如果大陰唇掉下來，穿比基尼時被看到，對某些女性來說的確會造成心理上的負擔。

大陰唇的豐唇術是目前最流行的整形手術之一，如同臉部皮膚的鬆弛，如果是組織流失，必須利用填充的方式來改善。臉部可以試試玻尿酸，但是私密處如果使用的話，那可要注射大量的玻尿酸，除了費用昂貴之外，私密處的注射物消耗的也很快。所以透過自體脂肪移植來補脂、填脂，讓局部變得充盈飽滿反而是比較好的選項。如此就可以讓老化、萎縮的大陰唇撐起來，而且改善時間也持久。目前醫界對於外陰唇的美容也有新的治療方式，類似隆乳的概念，僅僅把裡面的空間填飽是不夠的，還要增加彈性才行，因此現在也有外陰專用的電波拉皮。但是萬一大小陰唇鬆垮得太嚴重，還是要做大陰唇切皮或是小陰唇整形手術才行。

Part 6

婦科熱門問題

子宮肌瘤該怎麼處理？

我每次生理期時經血就像水龍頭被打開一樣流不停，而且還常感到頭暈、走路會喘，去醫院檢查後發現是子宮肌瘤在作怪。醫師建議只要拿掉肌瘤，我的症狀就會好很多，但我覺得子宮肌瘤是良性的，因此不想白白多挨一刀。我聽說很多女性都有子宮肌瘤的問題，大部分都是小小的，所以不用去處理它，萬一長很大時再開刀拿掉就可以了，真的是這樣嗎？

保仁醫師診療室

根據二〇〇九年美國的大型統計，四十歲以上的婦女，大約七成都有子宮肌瘤，但是不一定都有症狀。

常見的子宮肌瘤症狀不外乎：出血、疼痛、壓迫等。

1. **出血**：其中因為多量出血，甚至導致貧血；至於出血嚴重程度不一定跟大小有關，臨床上常常看到子宮內有很多肌瘤，加起來超過數十公分，病人也沒有貧血；但是有時候才不到五公分，卻讓血紅素不到六，必須輸血矯正，套句房地產名言，「location, location, location」，位置才是重點。

2. 疼痛：其實肌瘤本身並不太會造成疼痛，如果快速成長導致壞死，那的確痛到要看急診，但是多數是隱隱作痛，或是痠痛為主，如果嚴重痛經，多數可能還伴有子宮肌腺症（子宮內膜異位症）。

3. 壓迫症狀：簡單說，壓迫哪裡，哪裡就會不舒服。往前壓迫膀胱，會造成頻尿，急尿，甚至用力會造成漏尿；往後壓迫到神經，就容易腰痠背痛；壓迫到直腸，排便習慣會改變，有些會便秘，但是多數會發現便便變成比較細。

子宮肌瘤到底要不要開刀摘除，是很多病患都會問的問題。保仁醫師常說：「山不在高有仙則靈，肌瘤不在大，搗亂就一定要處理。」子宮肌瘤要不要開刀，常常不是跟大小有關，最重要的是症狀。根據肌瘤在子宮內長的位置不同，又可分為黏膜下肌瘤、漿膜下肌瘤及肌肉層肌瘤等。黏膜下的肌瘤因為靠子宮內腔，易刺激子宮內膜，因此會大出血，正常人的血紅素是 12m/dl，保仁醫師的病人中不乏因肌瘤造成經血量多而貧血的，甚至血紅素只有 3、4 m/dl 左右，但是因為慢性貧血，竟然能夠共存。

子宮肌瘤類型

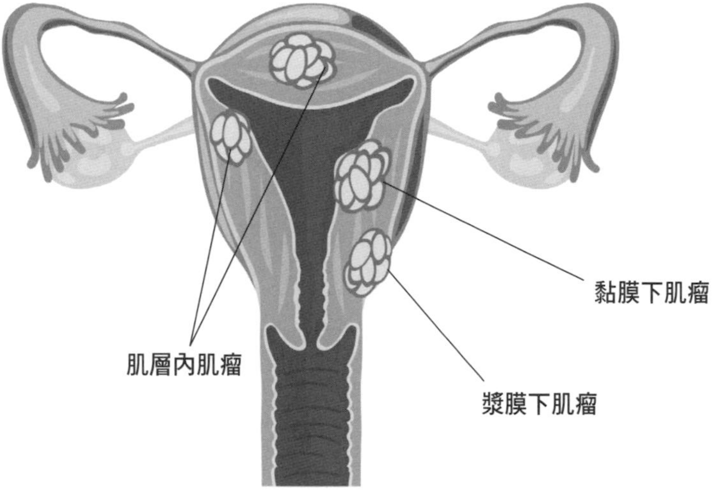

還有另外兩種肌瘤類型：

Infundibular myoma- 柄狀或是蒂狀肌瘤
Intraligmental myoma- 韌帶內肌瘤
發生率較低，多數症狀不明顯。

肌瘤處理原則

面對腫瘤，大家最擔心的是癌症的變化，但子宮肌瘤的惡性變化機率很低，大約只有不到百分之零點五。若有以下症狀，屬於高危險病變，需多加注意：

1. 停經後才成長：更年期後女性荷爾蒙消退，肌瘤一般都會退化，但是如果沒有雌激素刺激，肌瘤還不斷成長，那就要高度小心是惡性腫瘤了。
2. 肌瘤短時間生長太快（如：三個月時間不到，就長了二、三倍以上）。
3. 肌瘤過大（十公分以上）：如果這時候還沒找醫師，只能說神經太大條，或是太不珍惜自己健康了。

至於其他的子宮肌瘤到底要不要處理呢？保仁醫師建議若是出現經血多、痛經、頻尿、壓迫感（膀胱會頻尿，往後壓會腰痠、壓到大腸導致便秘）等症狀，甚至影響到工作或生活品質時，還有如果有不孕症困擾，找妳的婦產科醫師商量吧。

子宮肌瘤的治療方式

根據肌瘤的大小，可分成定期觀察、藥物治療和手術治療。對於那些肌瘤並不會太大或是沒有明顯的臨床症狀，可以定期觀察，並不需要治療。大部分的肌瘤，都是由女性荷爾蒙的刺激而長大，所以在更年期之後，肌瘤便會開始萎縮，若停經前沒有任何臨床症狀的話，停經後便不大可能再被肌瘤所困擾了。

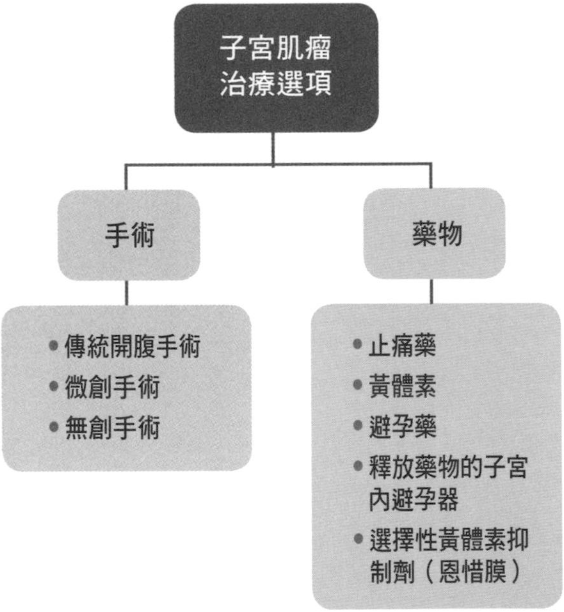

藥物治療

以往治療子宮肌瘤的藥物都只能改善症狀或抑制荷爾蒙，沒有專門針對子宮肌瘤適應症的藥物。二〇一二年，歐洲開始使用 Ulipristal acetate 做為子宮肌瘤術前的治療藥物。這個藥物不但能讓肌瘤體積減少三成，更重要的是耐受性很好，很少有病患抱怨（相信我，沒有一個醫師喜歡回應病患的不舒服及抱怨的）。二〇一五年，台灣也開始引進 Ulipristal acetate，主要用於子宮纖維瘤的手術前治療。Ulipristal acetate 屬於黃體素的選擇性抑制劑，早年其實被ＦＤＡ核准使用於性交後緊急避孕，由於它能干擾排卵、迅速減緩出血，因此學者們開始研究是否也能對子宮肌瘤發揮效用。子宮肌瘤的黃體素受體比正常子宮平滑肌細胞多，當 Ulipristal acetate 與其結合時可抑制肌瘤細胞增生、誘發細胞凋亡、抑制肌瘤細胞血管新生，並且破壞肌瘤組織的完整性。近期研究證實，Ulipristal acetate 能有效治療肌瘤，更令人欣慰的是，這種藥物並不會造成熱潮紅及骨質流失等更年期症狀。

子宮肌瘤藥物治療方式比較表

	藥物			侵入性
治療方式	止血／止痛避孕藥	選擇性黃體素抑制劑（恩惜膜）	荷爾蒙抑制劑（柳培林）	子宮內投藥系統（Mirena）
方式	口服或針劑	口服	針劑	避孕器
時間	長期，每天或月經週期	每天一錠，一次療程三至四個月	短效：一個月施打一次 長效：三個月施打一次，持續三至六個月	最長五年
症狀控制有效時間	服藥期間	至停藥後六個月	服藥期間至停藥後約三至六個月	使用期間
費用	健保／避孕藥自費	自費一個月約五千元	自費一個月約五千元，長效型（維持三個月）約一萬三至一萬五千元	自費約九千元 健保：血紅素小於等於十
優點	健保給付	•症狀控制快 •縮小肌瘤體積，停藥後可持續半年不長大 •口服方便	•症狀控制快 •縮小肌瘤體積	改善經血過多以及痛經症狀。可長效避孕。
缺點	•症狀控制不完全 •需長期吃藥 •不見得有效	費用稍高	費用稍高 停經副作用較大 症狀及肌瘤在停藥後有機會復發	症狀控制不完全，初期三至六個月持續點狀出血。改善出血以及痛經症狀，但是肌瘤大小無法改善。

若經醫師診斷需動刀處理時，除了傳統的開腹法之外，微創手術也是常見的選項。傳統開腹手術範圍大，優點是子宮縫合容易、微創手術的傷口小，從多孔（五孔、三孔）進展到單孔，甚至是從陰道進去的「自然開口」，幫病患減輕不少痛

苦。達文西機械手臂讓手術操作還是腹腔鏡的一種，但是因為儀器的協助，關於深部組織處理以及縫合可以更靈敏；而海扶刀則是利用超音波熱能消融腫瘤，不需要切開皮膚，因此又稱為「無創手術」。不過，究竟什麼病況適合哪一種微創手術？不妨跟醫師商量後再決定。

子宮肌瘤手術治療方式比較表

	手術				
治療方式	肌瘤切除術		子宮全切術		海扶刀
方式	腹腔鏡	傳統開腹	腹腔鏡	傳統開腹	無創手術
時間	手術時間約一至四小時、術後住院約二至三天	手術時間約一至三小時、術後住院約三至五天	手術時間約一至三小時、術後住院約二至三天	手術時間約一至兩小時、術後住院約三至五天	依照肌瘤大小以及位置，還有機器設備不同，從一到數小時不等
症狀控制有效時間	術後三至五年		術後終身		破壞部分不再生長
費用	健保給付手術 自費：包含防沾黏、止血藥劑、腹腔鏡自費耗材等，約數萬元				自費治療 約二十萬元
優點	•是否會復發，依照個人年齡、體質而異 •肌瘤去除		•不會復發 •切除子宮		•症狀控制 •消融肌瘤
缺點	•有傷害內膜風險 •有修復期		無法生育		費用高 無法取得檢體

健康小學堂

什麼是海扶刀

海扶刀其實是英文HIFU（High Intensity Focused Ultrasound）的縮寫，中文翻譯是高強度聚焦超音波，簡單說就是超音波能量的運用。大家對於超音波可能都停留在影像檢查，其實如果將能量定焦在一個小區域，是可以產生高溫，利用溫度是可以破壞組織以及凝血。從一九四〇年代就開始嘗試使用超音波能量，一九七〇年代聚焦技術進步，利用高強度聚焦，可以將組織加熱到攝氏四十二到四十五度之間，所以應用在止血以及某些手術上。一九九〇年代，因為聚焦能力以及精準度大大提升，可以提高能量，而且多次治療也不會出現累積熱量後的傷害，更重要的，一邊治療還可以提供超音波影像，可以更精準定位以及觀察變化。除了立即判讀腫瘤組織好壞，也有不錯的止血效果。這幾年應用範圍越來越廣，也有多種翻譯名字，像海扶、海福、海芙等等，其中海福、海扶多數指應用在腫瘤治療，例如肝癌、胰臟癌、前列腺癌、腎細胞癌、膀胱癌、肉瘤

（sarcoma）、子宮肌瘤等；皮膚科則應用在醫美拉提，以及減脂，更是蔚為風潮。

在婦產科，對於子宮肌瘤以及肌腺症的治療上，海扶刀也是目前的熱門話題。說是刀，其實是一種體外無創治療，真的看不到刀喔。

海扶刀答客問

Q：海扶刀治療，會有傷口嗎？

A：海扶刀是利用高熱磁振造影（MRI）定位腫瘤目標的位置、大小、周邊狀況，再以超音波聚焦加熱到七十到八十度左右，精準地消融腫瘤細胞區域，使腫瘤細胞凋亡，而目標以外的地方卻不會被熱熔掉。這是一種不需要切開皮膚，不需要穿刺就可以殺滅體內腫瘤的新技術，因為無傷口也有人稱之為「無創手術」。

Q：海扶刀的治療費用？

A：目前健保不給付，依照肌瘤大小與數目，治療時間不一定，但是收費約莫在二十萬元左右。

Q：海扶刀可以一勞永逸嗎？

A：經過海扶刀治療消融後，腫瘤體積一般不會立即縮小、消失，由於腫瘤組織發生凝固性壞死，其大體輪廓仍在，但此時的腫瘤已經沒有活性了。經過一段時間後，壞死的腫瘤組織會被身體逐漸吸收、清除，有的可以完全吸收，最終消失；也有的不能完全吸收，會在體內留下一個瘢痕。凝固性壞死區吸收的速度與腫瘤部位、個體差異關係很大，有的需要幾個月，有的甚至會持續好幾年。已經破壞掉的肌瘤，當然不會再生成，但子宮是否會再長出新的肌瘤，那就依照個人年齡與體質差異而異了。

Q：海扶刀治療會痛嗎？需要住院嗎？

A：因為組織由高溫造成的消融破壞，一般治療過程是會加上鎮靜以及止痛藥物，但病患是保持清醒的，術後一般可以不用住院，術後多數口服止痛藥就可以改善。

Q：除了肌瘤外，肌腺瘤也可以治療嗎？

A：目前肌瘤以及肌腺症都可以利用海扶刀治療，對於肌腺症，目前也有些機型取得許可證照。但是實際療效還是依照狀況跟主治醫師討論比較好。

Q：可能的風險或是副作用呢？

A：常見的是腰部、臀部的痠痛，主要跟治療時必須較長時間保持一定姿勢有關，多數一週內可以改善。另外受影響的內膜，可能會出現短期分泌物增加情形；極少數可能因為體質等因素會出現皮膚水泡的狀況，當然也有可能損傷到肌瘤附近的組織，例如神經血管等，但是現在透過影像的協助定位（例如核磁共振），發生率更是微乎其微了。

子宮肌瘤會造成不孕嗎？

我跟先生結婚三年多了，雖然一直很積極做人，但卻遲遲沒有好消息。除了我們自己很著急之外，公婆也不斷地耳提面命，壓力真的好大。

其實有一件事我一直不敢讓婆婆知道，那就是我有子宮肌瘤的問題，因為我擔心她會因此大做文章。我想請教一下醫師，子宮肌瘤會影響懷孕嗎？我很想要趕快有寶寶，是不是要先開刀拿掉肌瘤，趁肚子清乾淨時懷孕呢？

保仁醫師診療室

有子宮肌瘤的女性，想懷孕卻遲遲沒有好消息，到底要不要先動刀拿掉肌瘤呢？保仁醫師前面有提到，最重要的是「位置」，因此首先應先考量肌瘤的位置是造成不孕的主因嗎？通常生長在黏膜下的肌瘤較接近子宮內膜，會影響著床的可能性，這種情況才需優先處理肌瘤，否則建議視自身情況而定。

拿掉肌瘤後，通常需半年左右才適合懷孕，肌瘤手術後，如果有影響到子宮的結構，懷孕生產可能還是要採取剖腹生產，另外手術後在懷孕期間，子宮破裂機會還是增加了。假如是年紀較大或急著懷孕的女性，保仁醫師會建議先想辦法治療不孕。若是已經生過一胎的媽媽，因為肌瘤問題而影響生活品質，此時可考慮先動刀清除肌瘤，之後再來懷第二胎。

關於肌瘤手術，也常有病患詢問達文西或是機器手臂手術，所謂機器手臂並不是機器人來開刀，達文西是機器手臂的一種型號，是主要開創廠商，也是目前市佔率最高的機器，已經進展到第六代。

機器手臂是透過腹腔鏡的方式，但是可以利用3D放大的立體視野，讓手術更清楚精準；還有因為器械設計能執行旋轉，透過三六〇度的轉換操作，更不會有角度的限制，另外醫師是坐著在工作台遠距操作，可以提供醫師舒適的工作條件，延長醫師壽命。

在婦科癌症手術以及肌瘤或是一些重建手術有它的優勢，在深部以及止血方面有更好的成果，目前費用多數在15萬以上，依照使用設備費用有不同。

當懷孕遇上肌瘤，該怎麼辦？

我跟先生好不容易做人成功，原本準備開開心心地迎接寶寶的到來，沒想到產檢時意外發現自己有三顆子宮肌瘤。雖然醫師安慰我說應該沒有什麼問題，但我的心情卻大受影響，很擔心肌瘤會影響肚子裡寶寶的發育。

平時我經期都很順，不但不會經痛，也沒什麼異樣，為什麼長了肌瘤自己卻沒察覺？我的寶寶會不會因此長不好？我聽說肌瘤可以利用生產時一起拿掉，這樣將來就不用再開一次刀，是真的嗎？

保仁醫師診療室

懷孕時荷爾蒙增多，加上血流更為豐富，這些都容易壯大肌瘤。不過有子宮肌瘤的準媽媽們先不用太過擔心，根據統計，當肌瘤遇上懷孕時，只有約三分之一的機率會變大，三分之一會保持不變，三分之一可能會萎縮、變小。大部分的肌瘤對懷孕不會有不良的影響，不過若肌瘤會導致危險時，例如造成早產或流產、胎盤早期剝離、胎位不正等情況，醫師才會考慮在生產時處理。

雖然有些人認為剖腹產時順便拿掉肌瘤，可說是一舉兩得，不過以往並不鼓勵這樣做。第一個原因是很多媽媽生產完時肌瘤也跟著變小，如果能萎縮到三、四公分以下，就沒有動刀的必要。此外，位置也是考量的重點，長在黏膜下的肌瘤，剖腹時一併處理可能會造成血流過多或血流不止，較容易引發危險。而長在漿膜下的肌瘤，是較容易摘除的位置，同時處理比較沒有大問題，當然近期因為有強效以及長效子宮收縮藥物可以使用，如果跟妳的婦產科醫師討論後，也是可以考慮的。

我可以切除子宮嗎？

我是個飽受子宮肌瘤折磨的患者，每個月都得咬牙忍受劇烈的經痛，雖然過去曾開刀拿掉肌瘤，但結果簡直像「春風吹又生」一樣，還是長個不停。因為我已經不想再生育了，想來想去好像只有直接切除子宮才能一勞永逸，想請教醫師，這個方法可行嗎？

保仁醫師診療室

門診中常遇到婦女患者一進來就表明希望以永絕後患的方式處理身體的問題，然而醫療上很多症狀雖然看起來很像，其實往往是原因不同或不明，所以結果也會不一樣。以子宮肌瘤為例，形成的原因「不明」，也許和遺傳有關係、也許是荷爾蒙的關係，也許和環境也有一些關係。基本上，它是子宮肌肉細胞如同一個種子，接受女性荷爾蒙的刺激而形成。

並不是所有肌瘤都要接受手術切除，通常由醫師視臨床的症狀來決定。一般而言，對於那些症狀較為嚴重、無法經由藥物治療，或是藥物治療無效者，甚至懷疑惡性腫瘤，便建議施行手術治療。對於那些不想再懷孕的病患，可以施行全子宮切除術，不但可解決臨床的症狀，且不會再復發。而那些還有計畫要懷孕者，則可施行肌瘤切除術，通常可以保有子宮的功能。但切除後，肌瘤還有再生的可能性；如果肌瘤位於子宮內腔，則可以考慮選擇子宮鏡肌瘤切除術。

其實子宮切除，女性朋友在意的不外以下問題：

1. **會不會提前老化**：答案是，不會！一般婦女擔心的老化其實跟荷爾蒙有關，所以如果卵巢沒有移除，影響不太大的。但是記得，人總是會老，想要減緩老化，還是要做好養生該做的「少吃，多動，好好睡」。

2. **會不會容易骨盆腔鬆弛，導致漏尿**：好問題。子宮全切除的確會影響到骨盆底韌帶以及肌肉結構，但是在華人因為組織比較緊緻，所以垂墜情形比較少，但是活得夠久，就有機會。還有臨床上發現，現代因為飲食西化，更重要的是台灣的精緻含糖飲食過度，尤其是手搖含糖飲料盛行，我們發現骨盆鬆弛的情形有年輕化以及嚴重化的趨勢，所以改正飲食習慣更是重要。

3. **會不會影響性生活**：標準答案是「短期有影響，長期沒影響，甚至有改善。」

因為剛開完刀會不放心，另外如果子宮頸也切除（全子宮切除），陰道分泌物會減少，的確性生活滿意度會略降，但是兩年後統計是沒有差異的。有些人因為痛經或是嚴重貧血以及壓迫不舒服的困擾，手術後這些困擾消失，反而更能享受魚水之歡呢。

子宮與婚姻之道

保仁醫師認為處理婦科問題與婚姻其實有異曲同工之妙。婚姻最重要的是面對問題及處理問題的態度，所以建議大家：

1. 面對問題，請發揮女人「追根究柢」的功力，找出問題所在。但是解決問題時請不要發揮「斬草除根」的力量，要知道問題有很多解決方法，最好的方法不是百分百根除，而是達到彼此可接受的目標。

2. 子宮除了孕育生命外，沒有更大的生理功能，接下來就是負責長肌瘤、子宮頸癌等。這就如同婚姻，除了擁有合法性伴侶、給下一代一個戶口、有時候可以減減稅外，還包括「不自由」、有「被劈腿、背叛」的風險，到底該如何取捨，聰明的女性朋友們不妨思考看看。

讓人「痛」不欲生的子宮肌腺瘤

我相信很多女生都有痛經的問題，但應該很少人像我一樣，每次好朋友來都痛得死去活來吧？而且經血量也總是爆多。生理期對我而言簡直是一種酷刑，那幾天我根本痛到無法好好工作。之前我到婦產科檢查，醫師說我有子宮肌腺瘤，所以月經來時才會如此難受。雖然醫師有開止痛藥給我吃，但我覺得效果並沒有很好，我想請問保仁醫師，罹患了子宮肌腺症，有沒有一勞永逸的解決方法呢？

保仁醫師診療室

子宮肌腺瘤又名子宮肌腺症，很多人經常會把它跟子宮肌瘤搞混。在解釋何謂子宮肌腺瘤之前，保仁醫師想跟大家談一下「子宮內膜異位症」。

女性生理期時會排出經血，雖然每個月的量不一定一樣，但正常的情況下一定會排乾淨，不會積在子宮裡。正常的子宮有個內腔，裡面有子宮內膜，本來應該會剝落出來變成月經，若沒有剝落完全，內膜跑到其他地方，就叫做子宮內膜異位症。內膜跑到卵巢就是巧克力囊腫，如果逆流跑到子宮切面，一顆顆結實纍纍的，就是子宮肌腺瘤。經血逆流到子宮切面，會讓子宮壁變厚，進而失去彈性，收縮時會感覺疼痛或造成大量出血，這就是為什麼子宮肌腺瘤會讓女性痛不欲生的原因。子宮肌腺症也會讓子宮切面纖維化，就像土地變硬、變差一樣，變得不易播種，所以也就沒有那麼容易受孕了。

大家一定覺得很奇怪，內膜為什麼不乖乖剝落，怎麼會亂跑呢？除了先天某些細胞會轉變成內膜細胞，或細胞因異常飲食、壓力等因素而變化，因此長成不好的東西之外，剖腹產、人工流產等手術也都是原因之一。

難纏的子宮肌腺瘤

雖然子宮肌瘤跟子宮肌腺瘤名稱常讓人分不清楚，但肌腺瘤的治療比肌瘤棘手多了。肌瘤就如同挖地瓜一樣，目標明確，很容易挖出來，而子宮肌腺瘤就像房間長壁癌，不一定整片崩壞，只要幾個就很難纏。此外，肌腺瘤的邊緣不清楚，因此開刀不一定能清得乾淨。剛剛我們有談到肌腺瘤是子宮內膜異位症的一種，子宮內膜就像《X戰警》裡的天魔女，碰到對方就會同化，因此會把旁邊的肌肉組織轉變成內膜組織，我們稱為「細胞轉性」。更麻煩的是會越搞越多，纖維化越來越嚴重，面積也會慢慢擴大。

記得有一句保險名言是：「活得越久，領得越多」，這句話用在子宮肌腺瘤身上，也相當貼切。

肌腺瘤治療原則

既然子宮肌腺瘤跟子宮內膜有關，因此只要讓月經暫停，內膜就不會一直剝落，進而亂跑。因此，治療肌腺瘤的原則就是讓月經不要來，讓子宮內膜得到充分休息，一段時間（至少六個月以上）之後就會慢慢退化。以往的治療方式是服藥或以手術清除，但現在醫療發達、科技日新月異，醫師們也會視病患的情況，在異中求同，或同中求異。首先，我們會先了解病患最在意的部分，跟她們商量、討論，找出最適合的方法。如果病患在意的只是經痛，止痛藥就有不錯的效果；若是經痛加經血多，可能會考慮使用避孕藥。如果病患想懷孕或接受手術，過渡時期可以使用荷爾蒙抑制劑，因為能夠讓肌腺瘤萎縮一些，比較容易開刀。如果只是清除子宮肌腺瘤，將來還有懷孕的可能性，而將子宮切除保留子宮頸，雖然無法再生育，但以後比較不會有子宮下垂及尿失禁的問題，相較於拿掉整個子宮，是比較理想的方式。子宮內投藥系統是可以釋放藥物的避孕器，放進去一次效果可達四到五年，對已經生育完的女性來說是不錯的選擇。

子宮肌腺瘤的治療方式

治療方式	效果
期待療法	等到自癒
食療／運動	部分改善
藥物	止痛藥
	避孕藥
	荷爾蒙抑制劑（口服）
	荷爾蒙抑制劑（注射）
	荷爾蒙調節劑
	子宮內投藥系統（含藥物避孕器）
手術	子宮肌腺瘤切除
	次子宮切除
	全子宮切除

健康小學堂

子宮肌腺瘤也適用恩惜膜嗎？

恩惜膜是一種選擇性的黃體素調節藥物，根據歐洲的研究發現病患每天服用一顆，三個月後能讓肌瘤縮小將近三分之一，因此適用於開刀前減少體積，或不想開刀等情況。

恩惜膜的上市，可說是造福了不少子宮肌瘤的病患，看到這裡，一定有人想問：「恩惜膜也適合子宮肌腺瘤的患者嗎？」恩惜膜對子宮肌腺瘤而言，因尚未得到充分的適應症，目前臨床上使用的情況不多。不過，由於它能抑制子宮內膜及荷爾蒙，達到暫停月經的效果，因此偶爾也有病患要求使用，這種情況稱為「標籤外使用」（off label use）。

另外，好消息是，海扶刀目前在某些機型也取得子宮肌腺症的適應症，研究成果似乎很不錯，在非侵入式、微創甚至無創治療的選擇之中，又多了一項。

變身男人婆的多囊性卵巢症候群

我的月經差不多半年才來一次，體重也不斷地往上飆，本來以為是工作壓力太大的關係，因此想到婦產科調經，沒想到醫師卻診斷我是「多囊性卵巢症候群」。醫師說我脖子後面黑嚕嚕一塊，而且臉上狂冒痘，手腳毛髮都變多了等等，這些都是體內的男性荷爾蒙太旺盛的原因。一想到我得了這種「怪病」，心裡就覺得很難受，我真的很害怕自己從此變成男人婆！請問醫師，有沒有方法可以救救我呢？

保仁醫師診療室

其實這是一個老毛病，大家猜猜看相關的第一篇論文發表是幾年前？二十年？五十年？一百年？好啦！公布正確答案，是在一九三五年，八十多年前當時報告的照片，症狀表現就是月經不來、多毛症以及變胖。

多囊性卵巢症候群，英文簡稱 PCOS（Polycystic Ovary Syndrome），簡單說就是每個週期該排出的卵，排不出來，一堆老卵塞車；而荷爾蒙濃度不對，一開始雌激素高，慢慢地變成雄性素太高（雌激素在體內會轉變成雄性素），甚至誘使胰島素也跟著產生抗性而增加，所以悲劇開始了。

多囊性卵巢症候群會有哪些症狀表現呢？

1. 月經異常：常常是月經姍姍來遲，幾個月不來，變成季經甚至半年經。

2. 不排卵：跟不孕症有關，口服或是注射排卵藥物可以獲得改善。

3. 雄性素過高：表現在青春痘、油性皮膚、容易落髮到雄性禿頭，還有多毛症。不只是大家想像的手毛、腳毛多而已，連胸毛、落腮鬍都會出現。

4. 代謝異常：因為胰島素敏感度出問題，抗性增加（Insulin Resistance），造成血糖增加，如果不治療的話，未來很容易成為糖尿病患者。在皮膚方面也會呈現色素沉澱（學名是黑色素棘皮症，Acanthosis Nigra），容易出現在後頸或是皺摺處（包含手肘甚至膝蓋）。

5. 肥胖：也因為雄性素惹的禍，造成男性型肥胖，多半是胖肚子，而不是一般女性常見的下半身肥胖（俗稱西洋梨身材）。

6. 造成情緒以及生活品質低落：荷爾蒙會影響血清素代謝，荷爾蒙的波動過大也會影響情緒。一旦變胖變煩變醜，生活品質怎麼會好呢？

多囊性卵巢症候群

1. 如何確認是「多囊性卵巢症候群」？

A. **臨床症狀：**亂經、月經不來、多毛症、臉油、亂冒痘痘、變胖（而且胖肚子）。

B. **抽血檢驗：**ＬＨ（黃體生成素）／ＦＳＨ（濾泡刺激激素）：比值過高（大於二）。

C. **超音波影像：**一堆小卵泡擠在卵巢皮質上，看起來像一個項鍊般。

理論上符合兩個就可能罹患**「多囊性卵巢症候群」**，但是有時候不太準，東西方女性也略有差異。

2. 為什麼會有「多囊性卵巢症候群」？

A. **遺傳：**遺傳有相關性，卻不是唯一絕對因素。

B. **肥胖：**這是因也是果，變胖會誘發多囊性卵巢症候群，多囊性卵巢症候群又會變胖，形成了惡性循環。此外，壓力經常造成暴飲暴食，開啟了惡性循環的開端。

C. **飲食：**其實沒有哪一種食物會特別預防或是誘發多囊性卵巢症候群，但是如果經常攝取高卡路里、會讓妳變胖的飲食，就有可能引發。

3. 如何治療「多囊性卵巢症候群」：

No.	症狀	治療方式
1	月經不規則	排卵藥、避孕藥、減重
2	雄性素過高	抗男性荷爾蒙的避孕藥 減重（如果有變胖的話）
3	胰島素過高	降血糖藥物、減重
4	多毛症	男性荷爾蒙抑制劑、除毛雷射
5	肥胖	飲食、運動、荷爾蒙、降血糖藥物
6	不孕症	減重、排卵藥、輔助受孕治療

多囊性卵巢症候群可以手術治療嗎？

我被診斷出多囊性卵巢症候群四、五年了，治療期間，醫師一直叫我吃排卵藥及打排卵針，但效果好像都不太理想。最近我在網路上看到有人說多囊性卵巢症候群可以利用手術來解決，效果比吃藥明顯多了，但也有人說能不動刀就不動刀。雖然我滿怕挨刀的，但如果能一次把問題解決，讓身體趕快恢復正常，我覺得還值得一試。究竟，多囊性卵巢症候群手術真的有用嗎？

保仁醫師診療室

多囊性卵巢症候群（PCOS）基本上是種必須突破困境的疾病，治療上以搭配生活方式為首選。如果可以利用調整飲食、運動、睡眠、減壓等生活模式改善，就不需要治療。

在藥物治療反應不佳，或是真的無法服用藥物時，有人可能要借助手術。手術治療其實在減少累積的不成熟卵泡。

手術有兩個選項：

卵巢楔狀切除：早期因為多囊性卵巢症候群，卵巢體積很大，會被誤會成腫瘤，所以切掉一部分，術後發現症狀改善，所以有一陣子流行，但是後來被藥物以及腹腔鏡手術取代。

腹腔鏡卵巢鑽孔手術：腹腔鏡手術盛行後，外加的病因更了解，促使未排出的卵子排出是一個治療方向，所以利用腹腔鏡微創的優點，用器械將卵泡鑽孔，可有效打破不排卵以及過高荷爾蒙的困境，但不是根除的療法。如果是為了體重控制，還是要回歸飲食、運動以及生活調整；如果是不孕症，也許還是會需要輔助受孕；但是對於藥物治療頑固或是陷入僵局的病人，這還是一個好的選項。

手術常見Q&A

Q：手術要住院嗎？要麻醉嗎？要住幾天？

A：腹腔鏡手術是必須全身麻醉（插管）的，手術後需觀察幾個小時，沒問題的話可以回家。不過，腹腔鏡手術後都有腹脹、肩頸痠痛的小狀況，必須暫時空腹四小時左右，如果可以的話，我們還是希望住院一到兩日，減少不必要的病患以及照護者擔心。

Q：手術會插尿管嗎？我討厭被插尿管的不舒服感。

A：現在這類時間短、術後很快可以自己活動的手術，都可以不裝置尿管。

Q：有人說手術會傷害卵巢，導致卵巢提早衰竭或是不孕症，甚至只能開三次，是真的嗎？

A：腹腔鏡手術在一九八〇年代以後已經成為婦科手術主流，因為微創手術會使用電燒技術，當時忽略了電燒產生的熱傷害，在幾年後發現卵巢提早衰退甚至衍生不孕的機率增加，所幸醫界很快發現這個問題。

九〇年代後，對於電燒的使用有硬體上以及觀念上的修正，如果是年輕女性卵巢手術，會盡量減少電燒的應用；目前使用卵巢鑽孔手術也是如此，我們會利用針穿刺，以及少數電燒止血或是新開發的凝血劑，大家不要擔心。但是必須提醒的是，病患本身就是卵巢早衰以及不孕症的高危險群，至於開刀幾次，還是看病患情況以及病情進展。

Q：我之前開過刀，只有瘦了幾公斤，後來我不用藥，還是沒有達到滿意的改善。

A：的確，手術本就是打破僵持不下困境的過渡方法，如果手術後能夠大致配合，減少百分之七到十的體重是可以預期的。

在此，保仁醫師分享一位手術後半年瘦了十八公斤患者的情況：

「原本我的體重六十公斤，因為工作壓力爆肥到將近九十公斤，各種努力都做過了，還是無法瘦下來！當然，沒有非常持續啦，可是在跟保仁醫師溝通後，我接受了手術治療，手術後體重短期內下降了將近十公斤。雖然還是七十幾公斤，可是對我來說已經是很好的結果了，再加上飲食、運動，還有幾次埋線治療，我終於見到六字頭的曙光……當然，後來我好吃懶做，又復胖到七十公斤出頭，但是起碼有好的反應。」

她的例子就是最真實的寫照，手術只是一個方式打破不排卵與荷爾蒙（雄性素）過高的困境，祝福大家都能突破人生的困境，加油！

子宮內膜癌為何找上我？

我今年四十五歲，差不多從一年前月經就開始出現不規則的情況，原本以為是更年期快來了，一開始並不以為意。前陣子月經量卻突然爆多，甚至十幾天了還不走，我覺得奇怪，就到婦產科求診。做了相關檢查後，確診為子宮內膜癌，我真的覺得很不甘心，這些年來我一直都很注意健康，也相當潔身自愛，為什麼子宮內膜癌還會找上我呢？

保仁醫師診療室

子宮內膜癌是近年來好發率很高的婦癌，而且有年輕化的趨勢，雖然近年來大家才比較熟知，但保仁醫師學生時代曾觀察美國的情況，當時就大致猜到它會成為台灣新興的婦女殺手。子宮內膜癌的症狀是異常出血，因此容易被察覺，所以大多能早期發現，早期治療。子宮內膜癌在婦科裡被歸為較善良的癌症，第一期存活率可達百分之九十五，不過病因跟荷爾蒙有關，所以治療時可能會連卵巢一起拿掉。

什麼樣的人會得子宮內膜癌？

子宮頸癌是因人類乳突病毒感染，會讓人跟性經驗聯想在一起，很多人以為子宮內膜癌應該也跟性經驗有關，其實不然。保仁醫師曾經一個月處理三個子宮內膜癌病例，一個是四十多歲，很典型的異常出血，另兩個都是三十歲出頭，其中一個連性經驗都沒有。臨床上認為子宮內膜癌的危險因子如下：

1. 未生育者
2. 太晚停經者
3. 過度肥胖者
4. 糖尿病患者
5. 遺傳（如果有 BRCA1／BRCA2 這類基因）

生育能讓子宮內膜得到休息的機會，而太晚停經受雌激素的刺激會更久。脂肪比例過高的女性，荷爾蒙也會不正常上升，糖尿病則可能導致多囊卵，跟內膜癌也有關係。此外，有家族遺傳病史者更需多加留意。

綜合以上幾點來看，不難發現都跟雌激素有關，正常雌激素週期變化是慢慢升高，時間到了就會被黃體素抑制下來，如果雌激素沒有被管制住，一直往上增加，長期下來就會造成病變。

子宮內膜癌症狀

所有癌症不會一天就癌變，一定是慢慢發生變化，子宮內膜癌的前身是內膜增生，內膜受到某些刺激變厚，剝落變成月經，但反覆一直受到不當刺激，例如晚婚、不生小孩、初經早到等，就如同人受到刺激而慢慢暴怒一般，最後問題就跑出來了。常見的子宮內膜癌症狀有：

1. 陰道異常出血、停經後出血
2. 經血過多，合併貧血
3. 膿狀經血、下腹疼痛
4. 咳嗽、腹股溝及頸部硬塊

單純的內膜癌典型症狀是出血，病患不太會感覺到痛，但如果腫瘤生長太快，慢慢侵蝕肌肉，就會造成疼痛。內膜癌也會產生一些壞死的組織，因此會有化膿的情況。有些病患內膜已經被破壞得差不多了，因此會感覺經血量比以前少，而且經血裡會混雜一塊像組織爛爛的東西，味道不好聞，這種情況通常已經是癌症二期以上。

保仁醫師常形容子宮頸癌是陸軍，如果要轉移是徒步慢慢往旁邊長；而子宮內膜癌像空軍，有時會透過淋巴轉移。有些病例因莫名其妙咳嗽很久，照X光才發現有轉移的腫瘤，進一步檢查才得知是子宮內膜癌。此外，若脖子有淋巴結，除了可能是鼻咽癌及乳癌，也要當心可能是子宮內膜跑上來的關係。子宮內膜透過淋巴轉移，有時也會跑到腹股溝，因此會鼓起來。

如何揪出子宮內膜癌

研究顯示，約四成子宮內膜癌病患可以在抹片檢查時發現，這是因為有些病患子宮內膜癌的細胞剛好掉到子宮頸口，因此透過抹片就可以察覺。此外，也可利用以下檢查揪出子宮內膜癌：

1. 超音波：這是最簡單的方式，一般女性子宮內膜厚度約零點八至一點二公分，若超過兩公分就可能有問題。建議三十歲以上的女性，每年應例行性抹片及超音波檢測，以觀察內膜厚度及卵巢的變化。

2. 分段式內膜搔刮術：在子宮比較下面刮一些細胞，再進去裡面刮一些，從不同部位取得檢體，這種方式準確度最高。

3. 子宮內膜採樣：用小吸管伸進子宮裡抽吸檢體，不需麻醉，國外在門診就可以做。但是在國內，因為麻醉費用便宜方便，還有怕病患緊張，多數還是安排麻醉下進行。

至於子宮內膜癌的治療，手術是第一首選，術後可能會需要放射線或是化學治療，荷爾蒙治療也是可能的選項，不管如何，治療效果都很好，好好配合，都可以繼續享受美好的健康與人生。關於手術，近年來的腹腔鏡微創手術搭配機器手臂治療效果以及恢復更是讓人滿意呢。

都是荷爾蒙的禍：經前不悅症

每次大姨媽來的前幾天我都異常煩躁，老公做什麼我都看不順眼，很想直接把他踢下床。除了脾氣不好之外，有時我也會感到心情莫名低落，看韓劇時特別容易流眼淚。我老公常說我平時很溫柔體貼，但一到生理期時簡直變成「肖查某」，而他這樣說只會讓我更不高興而已。我想請問保仁醫師，生理期前後全身都不舒服，老公又白目惹我生氣時該怎麼辦？

保仁醫師診療室

因為經濟不景氣、各種壓力接踵而至，門診中陸續接到失眠、心情低落的病患，然而一些婦女的問題其實與月經週期是有相關的，稱為「經前不悅症」，英文簡稱ＰＭＤＤ（PreMenstrual Dysphoric Disorder）。

介紹經前不悅症之前，保仁醫師必須幫所有的男性說一句公道話，只有月經前七天到來約五天左右才算經前不悅症，其他就屬於個人修養與情緒管理的問題，因此不能把所有的問題都歸咎於此。

經前不悅症跟黃體素有關，若波動過大時會產生兩個效應：

1. 腫脹：不管是胸部腫、肚子腫、腳腫都算。此外，因為血管也會腫脹，所以也會有頭痛的情況。

2. 情緒變化大：會有暴怒、憂鬱及心情低落等情況出現。

其實將近百分之九十以上的女性有過經前不舒服，但如何確定嚴重到需要治療？

根據美國婦產科醫學會建議，若出現至少五項下列非核心經前症狀，其中包含一項核心症狀，而且症狀在過去一年內大部分的月經週期內出現，並且至少連續兩個週期，建議可尋求醫師的協助。

如何改善經前不悅症

如果是以經痛為主要表現，止痛藥是第一首選，保仁醫師也會視情況開給病患調經藥來控制黃體素波動，或利尿劑來消水腫。特別提醒大家，生理期時前列腺素誘發子宮強烈收縮，或前列腺素讓血管放鬆，才會感覺到處都脹痛，而疼痛就像骨牌效應一樣，一旦被啟動就需要更強的藥效才有用。因此有經痛問題的人，千萬不要存有僥倖的心理，想說忍一下或晚點吃藥搞不好可以少吃一些，一旦痛經啟動，就需要服用更多顆的止痛藥才能見效。

除了藥物之外，以下幾點也是必須注意的：

1. 咖啡因容易引起易怒及失眠，要避免飲用過量。

核心症狀	非核心症狀
情緒沮喪，例如感到難過或憂鬱	腹部水腫或腹部有膨脹感
生氣或容易激動、脾氣暴躁	胸部緊繃或感到觸痛
容易緊張	四肢浮腫，包括手和腳部
容易侷促不安、神志混亂	體重上升
無法控制自己	關節或肌肉、背部有疼痛感
注意力無法集中或很難集中	
睡眠品質被干擾	

2. 每天攝取一千兩百毫克的碳酸鈣片，連吃三個週期，百分之四十八女性可以改善。

3. 經常運動，及減少攝取高油脂食物也有效果。

最後，保仁醫師要傳授所有男性朋友一個重要秘訣，那就是女性生理變化可分為四個週期：月經期第一到七天、排卵期第七到十四天、黃體期前期第十四到二十一天、黃體期後期第二十一到二十八天。好好記住這些日期，才能讓生活更順心。例如你的另一半一號月經開始來，前三、四天先不要惹她，通常第五天會開始恢復正常。八號進入排卵期，是女性心情最好的時間，尤其是十五號左右，你會發現她特別迷人，此時說什麼話或做什麼事都無傷大雅，要好好把握。二十二號開始就要小心一些，因為她已經準備步入經前症候群，可以試探一下，若發現臉色不悅，記得就要躲遠一些。

附錄

產後不憂鬱，媽媽不委屈

保仁醫師執業這麼久以來，發現很多女性對於人生最大的抱怨都是來自於「生產」。和許多產後媽媽接觸過後，也讓我深入思考，醫界對於這些女性能提供什麼樣的幫助？能不能將產後照顧時間延長，服務的範圍擴大，而不僅僅局限於坐月子或產後六週這一小段時間而已。

保仁醫師曾在一場對婦產科醫師的演講中請教同業，產後照護的時間應該多長才適宜？大部分的醫師都贊成應該延長至六個月。不過奇怪的是，當產後六週的時間到了之後，除非媽媽們有陰道發炎、莫名出血或出現哺餵母乳不順等情況，否則大部分的醫師都不會主動要求她們再來看診。

保仁醫師真心覺得，不只是婦產科，包括身心科的醫護人員們都應該給產後媽媽們更多的照顧及關懷。最簡單的方法是產後六個月左右，請媽媽們再到醫院回診，這樣才知道該恢復的地方是否都恢復了呢？有沒有都上軌道了？

保仁醫師在醫學院唸書時，教科書上針對產後討論的大都是器官恢復，例如子宮、卵巢、子宮頸、會陰、乳房，有些內容也會提到出血、感染、哺育母乳、性生活開始、避孕、骨盆鬆弛（尿失禁）等。但婦女在意的，真的是這些嗎？這些年藉由看診時與媽媽們聊天的經驗，我發現她們心中最在乎的是外貌、身材、心情，以及如何帶小孩、跟先生及家人的關係。

生產後媽媽注意事項

困擾	部位	症狀	建議追蹤期間	處理對策
皮毛	皮膚	孕斑、妊娠紋	六個月	美容醫學治療、防曬
	毛髮	落髮	六個月	營養支持、醫療協助
情緒	心情	產後憂鬱症	二週	家庭以及情感支持、心理諮商、藥物
身材	體重	產後肥胖	六個月	孕前體重控制、哺育母乳
	體態曲線	產後鬆弛（肚皮、乳房、陰道）	一個月後	產前體重控制、運動塑身醫療科技協助
親密關係	性慾	性慾低下	孕期～六個月	諮商、醫療協助
人際家庭	親子、夫妻、婆媳	家有第三者	終身學習	諮商、家庭／社會協助

改善妊娠紋可以提高生育率

以往醫療界總認為婦女產後只要問題不是太嚴重，都不用太過在意。例如產後陰道鬆弛，只要老公不抱怨就好；若是有產後漏尿的情況，也會說：「哪個女人生產完後不漏尿？」更別說掉頭髮、斑點變多……這些在外人眼中看起來微不足道的事。但是實際情況是，光一個肚子妊娠紋，就可以讓產後婦女在心裡留下極大的陰影。有些媽媽跟周遭的人抱怨自己的妊娠紋好嚴重，還會被唸：「生完小孩本來就會這樣，妳太在意這個了啦！」

保仁醫師有一個病患，由於家中經濟條件不錯，孩子也有人幫忙帶，因此生完第一胎後大家都勸她再生第二胎，她卻遲遲不願意。親友好奇她為何不想再生一個？她的回答總是：「帶孩子好累喔！」後來她接受雷射及生長因子或注射治療等多管齊下的療程之後，不但妊娠紋改善了，肚子也恢復彈性，有一天她來看診時還說想再生第二胎了。

保仁醫師跟她聊了一下才知道，原來她覺得懷孕生產會讓肚皮變得鬆鬆垮垮的，真的好醜！連她自己都難以忍受。現在有新的醫療科技可以協助，她再也不擔心這些問題，因此也不再抗拒懷孕了。

原來改善妊娠紋，也可以促進生育率，保仁醫師建議內政部應該補助改善妊娠紋費用，相信日漸低下的生育率應該可以提高很多！（哈哈哈，其實媽媽需要的是自由的生活啦，根據法國的經驗，大量有品質以及容易取得協助的公辦托兒所的幫助，對於「催生計畫」更為有效。）

腹壁解剖圖與改善方法

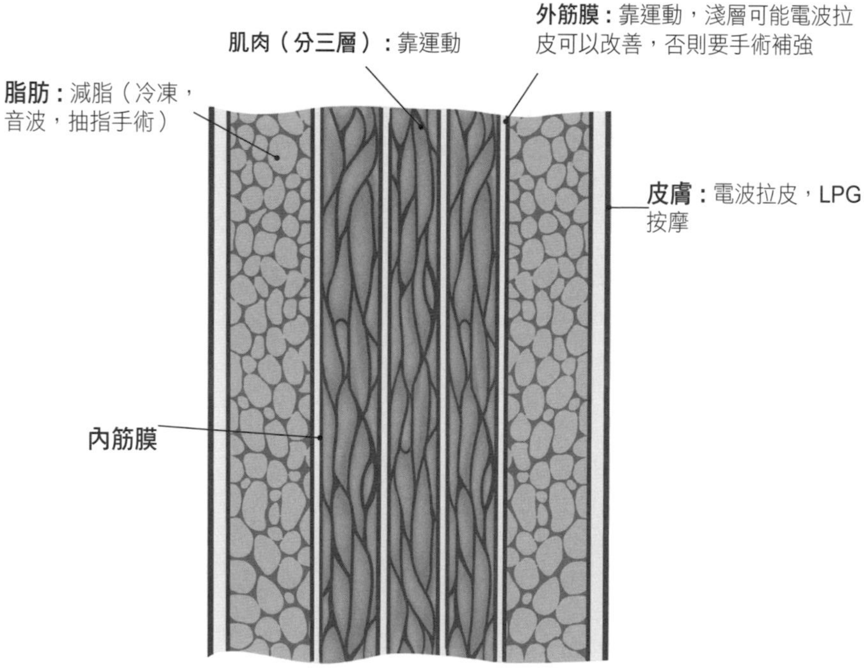

產後不憂鬱，媽媽不委屈

看到電視上三不五時出現新手媽媽輕生或攜子自殺的新聞，很多人會怪罪於她們患有憂鬱症沒有被及早診斷出來。

產後憂鬱症分三等級，包括了產後抑鬱、產後憂鬱症及產後精神病。產後抑鬱是因為荷爾蒙的影響，通常會隨著時間改善。如果產後三個月還出現情緒低落的情況，很可能是產後憂鬱症，而精神疾病則是極端嚴重的。以往醫界對於產後媽媽的關注，大都著眼於此。不過，保仁醫師要提醒大家，絕大部分新手媽媽是屬於焦慮型，但是焦慮些什麼又不好意思講出來。

衛福部國民健康署的「孕產婦關懷網站」也特別提醒大家要正確認識產後憂鬱症，並且將產後情緒障礙分為以下幾類：

產後情緒障礙的分類（產後憂鬱症是產後情緒障礙的一種）

名稱	盛行率(%)	常見的發生時間	病程長短	症狀	處理方式
產後情緒低落 (postpartum blues)	約有三到八成左右	通常出現於產後三至四天內	情緒低落現象，通常幾天便會消失	焦慮、心情低落、脾氣暴躁、疲憊、容易流淚、失眠、頭痛、作惡夢等	• 屬暫時性症狀；通常不需治療即會自行緩解，但家人需多給予心理支持。 • 若症狀持續超過兩星期，便需要尋求進一步醫療協助及診斷。
產後憂鬱症 (postpartum depression)	約一成	通常出現於產後六週內	症狀會持續數週至數個月	憂鬱、情緒低落、脾氣暴躁、疲憊、失眠；常有罪惡感或無價值感；飲食障礙、容易流淚、無法專心、對周遭生活及喜歡的事物失去興趣或常 覺得無法應付生活；覺得自己無法照顧好嬰兒等情形；嚴重者甚至有自殺的想法。	需要接受醫療協助及照護
產後精神病 (postpartum psychosis)	每千例的生產個案，約有一到兩位	通常出現於產後二週內	症狀持續數週至數個月	情緒激動不穩定、哭泣、失眠、個性行為改變；出現妄想或幻覺現象，如：媽媽可能誤認嬰兒已死亡或被掉包；症狀嚴重者，可能會有傷害自己或家人的妄想等	需要接受醫療照護，及住院觀察治療

資料來源：衛福部國民健康署孕產婦關懷網站

保仁醫師的患者中，有一位年輕的媽媽，產後就陷入深深的憂鬱裡。

我問她：「妳在煩惱些什麼？」

她回答：「我對小孩沒感情，想丟掉小孩！」

我又問她：「那有什麼我能幫上忙嗎？」

她說：「我以前漂漂亮亮的，但生完小孩後斑冒出來很多！」

原來她覺得自己原本白白淨淨的臉，因為懷孕的關係多了好些孕斑，讓原本愛漂亮的她感到很沮喪！後來，經由雷射手術之後，她臉上的斑淡化了不少，憂鬱的情況也跟著比較緩解。當然，這個個案後來還是需要相關藥物以及醫療協助，但是任何身心的改變與壓力，都可能導致媽媽的情緒困擾。

產後問題不解決，衍生更多家庭問題

除了以上的例子之外，產後所帶來的問題不勝枚舉！很多媽媽產後有性慾低下的問題，以前先生只要一碰她的身體，馬上就有感覺，現在卻完全提不起性趣，甚至感覺討厭。新手媽媽不會帶小孩，但慢慢帶上手之後，公婆又對教養方式很有意見。目前市面上流通的育兒手冊版本皆不同，大家參考的內容也未必一樣，例如光是新生兒要不要喝水這一點，大家的意見就可能相左。很多新手爸媽來問保仁醫師該怎麼辦？我都會說：「一、三、五聽太太的，二、四、六聽老公的，週日就隨便他吧！」

以前遇到媽媽們產後落髮，醫師們的標準答案可能會像在播放錄音帶一樣：「這是因為產後荷爾蒙變化與營養所造成的問題，六個月後就會改善，妳再觀察一下……」也許指導她們選用正確的洗髮精就能改善問題，緩解焦慮。身材的走樣，則是產後媽媽最在意的問題，尤其是要回去上班了，發現原來的衣服塞不下，或衣服穿起來不好看，真的會讓心情大受影響。

產後婦女被各種問題所困擾，覺得自己外表不再光鮮亮麗，就像變成黃臉婆一般；尤其是衣服一脫，看到鬆垮垮的身材，自信心就完全喪失了。看到太太焦慮或煩躁不安的模樣，先生可能一下子會束手無策，很多家庭問題就由此衍生。

保仁醫師遇過很多產後不開機的夫妻，一開始是因為太太感到太累、不舒服而拒絕老公，一次、二次之後，老公就不再找老婆了。此時，太太就會開始胡思亂想：「是不是我老了、醜了，所以他對我沒興趣？」兩個人都不主動的結果，關係就是僵在那裡。

產後爸爸的角色

保仁醫師很喜歡研究現在的新趨勢，發現男人的日子真是越來越難混了！市面上的育兒書，不只教導準媽媽們要注意些什麼，甚至已經進展到準爸爸的角色該怎麼做。我記得書裡面提到當太太懷孕時，不只要陪同產檢、分攤家事，三個月後還要幫忙按摩妊娠紋、陪同散步、幫助克服睡眠障礙……

我常在產檢時提醒患者的老公，千萬不要隨便開孕婦玩笑，因為她們會記一輩子！舉個例子來說，很多準媽媽孕期會因為變胖、肌肉放鬆以及脖子變粗等因素而打呼，產後有人會改善回來，有人卻從此一睡覺就打呼。倘若太太懷孕期間，先生拿這件事來說嘴，相信太太也不會給他好臉色看。

保仁醫師曾在桃園執業十五年，近兩年才回到台北，發現都會區及其他地區的爸爸也有所不同。在桃園，通常第一胎產檢時老公會陪同，但第二胎大多是媽媽單獨前來，做老公的覺得太太有經驗了，應該不用太緊張。但是都會區的情況比較特別，產檢時老公會盡量陪伴在一旁，即使第二胎也有一半以上會陪同，甚至帶著大寶一起來，感覺上家庭凝聚力比較強一些。在家事的分擔上，都會區的男性也比較自動自發，認為這是他們應該做的。

保仁醫師原本不想把這項資訊透露出來，希望多找一些「大男人」來支持不要做家事，沒想到台北的爸爸們多半認為分擔家事是理所當然的。

雖然有新成員加入很開心，但寶寶一生出來，會讓原本的兩人世界生活大亂，因此一定要事先調整才行，所以一得知懷孕就要開始規劃。

保仁醫師之前曾進修ＥＭＢＡ課程，很喜歡把管理的概念帶入家庭裡。當家中多了新的成員，就如同多創立了一個事業部，原本就需要新的配備及人力，因此當小孩出生後，婆婆、丈母娘、幫傭都可以考慮納入支援的行列中。此外，坐月子中心、月嫂、保姆或托嬰中心等都是不錯的選擇。

有了另一半支持，加上延長產後照護的時間，讓媽媽們有更多時間適應新生活。若她們不再覺得自己總是孤軍奮鬥，相信憂鬱指數就會大為下降。

產後瘦身新趨勢

現代女性不只注意體重，包括體能、體態都是不可忽略的重點。對於現代女性而言，產後鬆弛無疑是身材上的大敵。關於產後瘦身，保仁醫師想跟大家分享一個小故事。有個媽媽懷孕後大約胖了十二、三公斤，生完後終於離目標只剩三公斤了，但她還是不滿意，因為腰際以及小腹就是多一塊肉，手臂也多了蝴蝶袖。由於要照顧小孩、忙於家務，因此沒時間運動，而且轉眼又懷了第二胎，因此身材遲遲無法恢復。每次同學會看到未婚未生育的同學，仍然保持很好的體態，心情就會變得很差，甚至於回家就對老公跟小孩發脾氣。

懷孕時因為受到身體分泌肌肉放鬆素（solaxin）的影響，因此身體組織會比較鬆弛，生過小孩後肚子的組織也會比較鬆散，加上脂肪容易囤積在腹部、腰部及臀部等地方，感覺整個人圓了一圈。此外，帶小孩也會導致虎背熊腰及蝴蝶袖，這些都是產後婦女體態上的殺手。關於產後減重不外乎以下幾個重點，也就是少吃、多動及好好睡，若有哺餵母乳的話不妨餵久一點。但多動及好好睡對產後媽媽而言是很奢侈的目標。不過媽媽們先別太失望，若真沒有時間做到這些，利用現代醫療技術也能協助大家恢復理想中的體態。

產後瘦身醫療工具

目前坊間常見產後瘦身的醫療工具選項有許多種，包括局部以及全身改善的。

例如，局部身體按摩、抽脂都是。不過短暫的按摩只能暫時改善循環及水腫，對於體態永久的改變並沒有實質的幫助。很多婦女更不願選擇抽脂，腦筋動得很快的商人於是開始開發非侵入式的溶脂設備。保仁醫師提醒大家，若想嘗試這類瘦身方式，一定要考慮有沒有專利，以及穩定程度是否足夠。

不管如何，只要體態改善了，情緒也會跟著變好，保仁醫師在臨床上協助過很多媽媽，即使在生產完八至十年，很多人仍面臨了很大的心情衝突，因為認為自己的身體已經跟從前不一樣了。曾有一位四十多歲的媽媽，因為覺得產後身材鬆弛，因此隨著小孩不斷長大，她也逐漸喪失了自信，即使勤於運動，肚皮還是無法回到緊實狀態。最後，藉由電波拉皮治療讓肚皮恢復彈性，也許大家會以為從此以後她會跟先生回到幸福美滿的生活，但沒想到身材改善了，她也重拾自信心，最後反而離婚，並且在事業上找到第二春。也許每位現代女性想要的都不盡相同，很多人可能只是想找回自主與自信。保仁醫師也贊同在維持婚姻與家庭幸福之外，自信心也是相當重要的，只要是女性朋友們在意的事，希望我們都能協助。

妊娠紋處理前

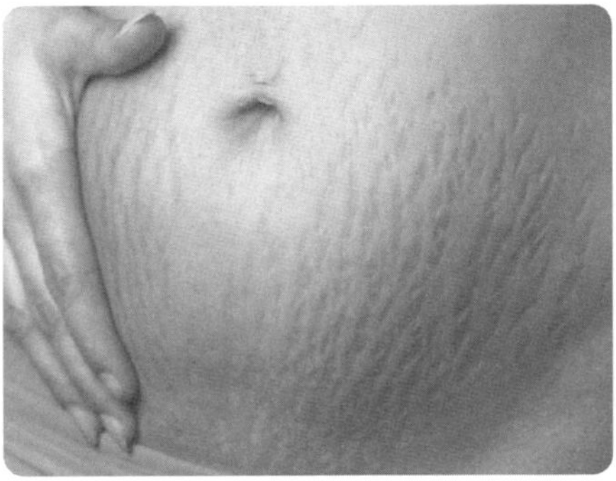

妊娠紋處理後

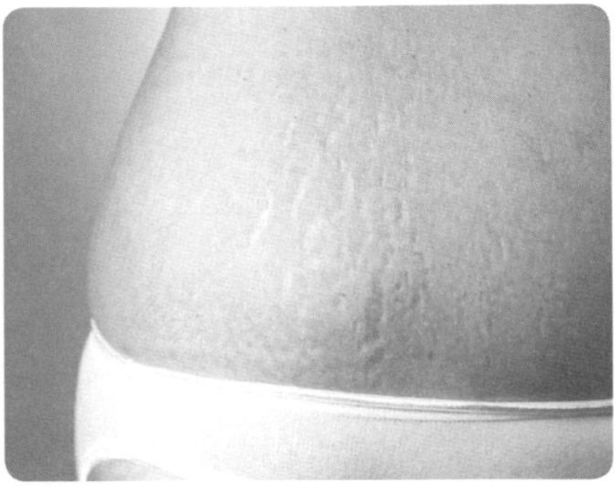

減肥前

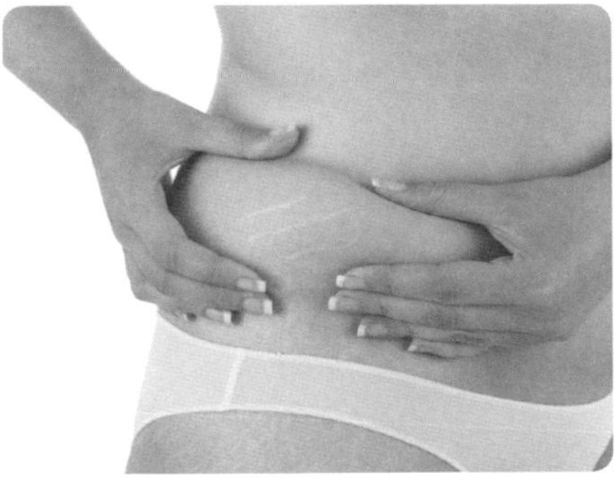

減肥後

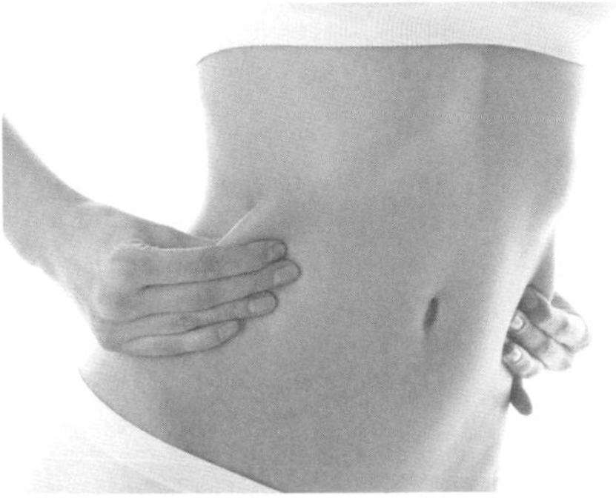

健康小學堂

低溫為什麼能減脂

大約一九七〇年時，就有醫師從小兒科的病例研究中發現，若小朋友常吃冰棒，他的臉頰會因脂肪流失而產生酒窩。接著在一九八〇年代又有新的發現，原來在寒冷的東歐，女生騎馬後大腿內側的脂肪堆積會比較少。一九九九年時，由哈佛醫學院跟麻省總醫院開始聯合進行研發，並且在二〇〇八年發表研究文獻，證實在低溫（攝氏四度以下）、長時間（六十分鐘左右）可以讓脂肪細脂有效凋亡（aptosis）。二〇一〇年，這個研究在美國 FDA 拿到適應症（皮下脂肪減少），一開始是針對腹部脂肪，不過新的研究不斷的出來，加上有新的儀器探頭問市，因此除了原本的腹部及側腰，還開發了手臂、大腿內側、背部、臀部下緣等部位，而且也即將被應用大腿外側及下巴等。

很多人一聽到低溫能減脂，馬上聯想到那是不是拿著冰塊冰敷在肥胖的部位就可以？其實不然，因為冷凍減脂設備需利用負壓機並且持續監控低溫才能發揮效果。當溫度太低時容易受傷，而太高則無法達到效果。當低溫溶脂療程開始之後，細胞會啟動自然凋亡機制，並在未來數週至數月間藉由身體的自然代謝排出體外，脂肪厚度平均可以改善百分之二十五左右。

結語

妳，值得更好的

女性，除了身為家庭的管理者，更重要的，也是全家的健康管理者——health keeper。在照顧家人健康之前，理所當然請先學會愛自己、照顧自己。

個人在婦產科執業超過二十年，經常思考當女性同胞健康出問題來醫院就診，除了給予醫療協助外，還可以給她們什麼？

參與過許多學界甚至官方政策的擬定，了解政府組織決策的盲點以及限制，也演講過數百場的民眾衛教與雙向溝通，更了解婦女深層的需求，我想對女性朋友說：妳需要更全面、更細膩的照護。妳，值得更好的！

國家圖書館出版品預行編目資料

姊妹的 50 道陰影：婦產科名醫教你好好愛更性福！/
陳保仁著 - 初版 . -- 臺北市：平安文化，2017.08
面；　公分 . --（平安叢書；第 568 號）（真健康；
54）
ISBN 978-986-95069-3-9（平裝）

1. 性知識 2. 性醫學 3. 婦女健康

429.1　　106012673

平安叢書第 568 種
真健康 54
姊妹的 50 道陰影
婦產科名醫教你好好愛更性福！

作　　者—陳保仁
發 行 人—平雲
出版發行—平安文化有限公司
台北市敦化北路 120 巷 50 號
電話◎ 02-27168888
郵撥帳號◎ 18420815 號
皇冠出版社（香港）有限公司
香港上環文咸東街 50 號寶恒商業中心
23 樓 2301-3 室
電話◎ 2529-1778　傳真◎ 2527-0904
總 編 輯—龔橞甄
美術設計—黃鳳君
審　　校—林川琇
著作完成日期— 2017 年 05 月
初版一刷日期— 2017 年 08 月
初版四刷日期— 2018 年 12 月
法律顧問—王惠光律師

讀者服務傳真專線◎ 02-27150507
電腦編號◎ 524054
ISBN ◎ 978-986-95069-3-9
Printed in Taiwan
本書定價◎新台幣 300 元 / 港幣 100 元